홈메이드 오가닉 음료

THE HOMEMADE
ORGANIC
MIX DRINK
混合饮料

[韩] **金凤夏** 著 | [韩] **许善雅** 摄影

李飞飞 李晓 译

中原农民出版社

· 郑州 ·

著作权合同登记号：图字16-2014-197

홈메이드 오가닉 음료

Text copyright© 2014, KIM, Bongha（金凤夏）

All Rights Reserved.

This Simplified Chinese edition was published by Central China Farmer's Publishing House in 2016 by arrangement with OPEN SCIENCE&OPEN WORLD through Imprima Korea Agency & Qiantaiyang Cultural Development (Beijing) Co., Ltd.

图书在版编目（CIP）数据

混合饮料 /（韩）金凤夏著；李飞飞，李晓译. —郑州：中原农民出版社，2016.5

　　ISBN 978-7-5542-1391-9

　Ⅰ.①混⋯ Ⅱ.①金⋯ ②李⋯ ③李⋯ Ⅲ.①饮料－食品加工 Ⅳ.①TS275

中国版本图书馆CIP数据核字（2016）第040333号

出版：中原出版传媒集团　中原农民出版社

地址：郑州市经五路66号

邮编：450002

电话：0371-65751257

印刷：河南省瑞光印务股份有限公司

成品尺寸：148mm×210mm

印张：7

字数：100千字

版次：2016年6月第1版

印次：2016年6月第1次印刷

定价：29.00元

开启我们的健康之旅吧！

THE HOMEMADE
ORGANIC
MIX DRINK
CONTENTS

混 合 饮 料

目 录

PROLOGUE
序言

"让生活方式感性起来吧！"

自制的新鲜饮料让我的生活与健康同行！

这本书记录了一些连行家都不知道的制作诀窍。
零难度，没有食品添加剂。让我们试试用简单配方调制自己的专属饮品吧！

"你的出生地是哪里？"这样的提问或许含有"对这个人过去的生活环境好奇"的意思。我们的口音和行为动作，甚至每天的饮食都会暴露出自己的出生地。我出生在离大海很近的地方，所以，从小时候起，我的口味就比首尔地区的朋友们重一些，也更早接触那些甜的、酸的、刺激性的饮品。

随着21世纪的到来，我们的饮食文化发生了很大的变化。当时，"千禧年"成为热门话题，关于MSG(谷氨酸钠，味精的主要成分)的争论不绝于耳。与此同时，化学调料使得母亲做的食物也都开始失去味道。

如今，烹饪就像施魔法一样，仅仅在翻滚的开水中放入化学调料，就能使食物变得美味可口，使食材的品相更加诱人。当然这种东西也会被用在饮料里。这不，路边的"现榨水果饮料"风靡全国：在制作的过程中，顾客们不仅可以看着自己喜欢的水果在眼前被搅拌成汁，而且可以一边咀嚼着果肉，一边品尝水果的甘甜。得益于这种新鲜的感觉，水果饮料逐渐成为很多人喜欢的佳品。出于对食材的新鲜度和烹饪方法的重视，人们渴望能够由母亲而不是专家传递给亲爱的家人。

好啦，让我们利用身边随处可见的新鲜食材和简单的调制方法来制作饮料吧，让它来守护家人的健康，带给大家欢笑。

GOOD STUFF
寻找优质食材

超市的食材购买便利，但并不是最新鲜的。想要得到最好的食材，还要多走走看看。

周末，晨曦倾洒，我早早地睁开惺忪的睡眼。可能是已经厌倦了每到周末就看电影、吃饭或吃饭、看电影的约会模式，这一次，我想出去为心爱的女孩寻找新鲜的食材。

不久前去欧洲和美国出差，发现了一些很有趣的现象。最近，欧美人士非常热衷去农产品直销超市购买食材。在农产品直销超市，一眼就能发现每天黎明时分采摘自各地的新鲜食材。

GOOD STUFF
寻找优质食材

超市VS市场

事实上，在超市里找西餐食材并不容易。虽然在这里能一眼就找到种类繁多的意大利面以及加工好的、便于烹饪的番茄和奶油汁。但是，除了几种特别的酱汁，其他大部分都可以在市场上找到。"怎么卖啊"、"便宜点儿嘛"、"让一点儿吧"这些讲价技巧在市场上依然受用，听着大

妈们妙趣横生的言语，亲切感迎面而来，心情也在不知不觉间变得愉悦起来了。

本书的大部分食材是水果和蔬菜。如果你有想要制作健康饮料的想法，那么先去传统市场看看吧。

大型超市

我们可以在舒适的环境中将商品轻松地放进购物车，但是"冲动购买"也时有发生。

传统市场

在这里，你可以看到大妈们热情洋溢的笑容，也能感受到讨价还价带来的乐趣和新鲜感。

京东市场 韩国首尔的京东市场主要以低廉的价格销售每天凌晨产自各个地区的新鲜食材。其历史可以追溯到1980年首尔市民的生活恢复期。这个时期，京畿道北部以及江原道一带的农民，通过以前的城东站和清凉里站将他们种植采摘的大量新鲜农产品以及林产品运进城里。随着这种活动的进行，承载着产品运进和卖出职责的集散地就有了存在的必要。随后，人们开始在开拓出来的场地上做买卖，慢慢地便形成了集市。（参照NAVER百科辞典）

THE HOMEMADE
ORGANIC
MIX DRINK

MY FRIDGE

把冰箱掏空吧！

在不同的季节，家里的冰箱总是储藏着不一样的食材。以每个季节的代表果蔬为例，让我们一起简单地了解一下它们的营养成分、挑选方法和清理方法吧！自古以来，与自身体质相适应的食物，尤其是新鲜的食材被认为是保持身体健康的重要因素。下面就让我们结合各种食材的特点，合理搭配营养成分，向制作绿色健康饮品发起挑战吧！

STRAWBERRY
草莓

　　草莓,甘甜可口,能够给人带来愉悦的视觉享受和不一样味觉体验。诱人的草莓红和在舌尖迅速弥漫的甜美口感,使食客们爱不释手。草莓同时具有酸和甜的味道,而且热量低,具有良好的减肥效果。它含有丰富的维生素C,抗酸化作用显著。除此之外,草莓中的鞣酸能够促使癌细胞凋亡,抑制癌细胞生长。但是因其容易受潮,最好置于纸箱内保管,并且不宜超过1周。草莓果皮轻薄易破,果肉细嫩,因此不宜在水中浸泡,最好是在流水中轻轻洗净。挑选草莓的时候,要选择草莓蒂新鲜未干并且颜色深绿、果实坚挺有力、颜色红艳的草莓。3~5月盛产草莓。每100克草莓大约含有27千卡热量。

NEXT ▶▶▶
草莓牛奶
草莓香蕉汁
草莓汁

STRAWBERRY
草莓

STRAWBERRY MILK
草莓牛奶

在慵懒的春日里，如果困意袭来，那么就和孩子们尝试着一起制作富含维生素等营养成分的草莓牛奶吧！

舌尖上绽放的香甜草莓和柔软顺滑的牛奶会帮你驱赶慵懒，补充能量。

添加一块柠檬，还能品尝到酸奶的味道。

INGREDIENTS

草莓 1杯

牛奶 1杯

柠檬 1/2个

糖 2匙

HOW TO

将草莓洗净，去蒂后放入搅拌机。

放入2匙糖，用捣蒜杵将草莓果肉均匀碾碎。

将柠檬和冰块也放入搅拌机中，倒入牛奶，一起研磨搅拌，制成草莓牛奶。

Tip 牛奶中的蛋白质成分与柠檬酸相遇后能瞬间产生凝胶化现象，从而散发出久经发酵的酸奶味道。

挑选一个晶莹剔透的杯子，倒入草莓牛奶，在果汁杯上插上或者覆盖一两块草莓，一杯让人身心愉悦的家庭健康饮料就诞生了。

可以根据草莓的甜度适量添加糖或者糖浆。

STRAWBERRY
草莓

STRAWBERRY BANANA JUICE
草莓香蕉汁

如果你是新鲜果饮爱好者的话，请一定品尝一下草莓和香蕉混合磨制的饮品。

草莓不仅容易使人有饱腹感，而且美容效果也很好。接下来，让我们将新鲜可口的草莓、柔滑香甜的香蕉装进同一个杯子里吧！

INGREDIENTS

草莓 1杯

香蕉 1/2个

牛奶 1/2杯

糖 2匙

HOW TO

把草莓倒入搅拌机，与5块冰块一同研磨、搅拌。

Tip 为了使草莓的清爽口感能够瞬间释放，可反复进行搅拌。

用一个精致的杯子装盛草莓香蕉汁，点缀上几块草莓，饮料就制作完成了。

STRAWBERRY
草莓

STRAWBERRY JUICE
草莓汁

大口爽快地喝下一杯草莓汁，新鲜、香甜的味道瞬间就在嘴里弥漫开来。光是这么想想都能将春日里的困倦驱赶得无影无踪。

如果你在寻找华丽的色泽、酸酸甜甜的味道，草莓汁应该是最棒的选择。

INGREDIENTS	HOW TO
草莓 2杯	将材料放入搅拌机内，轻微搅拌后制作完成。
糖 1匙	把草莓汁装进透明的杯子，然后就可以品尝酸酸甜甜的味道了。

LEMON

柠檬

柠檬，明亮的柠檬黄传递着新鲜的气息，酸爽的味道里饱含清爽的滋味。柠檬富含维生素C，在预防感冒和皮肤护理方面功效显著。柠檬中含有的柠檬酸有助于消除疲劳，恢复精力，与红茶搭配时效果最好。

触摸柠檬果皮时，能闻到香味。明亮有光泽，而且有一定分量的是优质、新鲜的柠檬。洗净后即可直接食用。

7月初到10月底盛产柠檬，但一年内其他时间也能购买到。每100克柠檬约含31千卡热量。

NEXT ▶▶▶
柠檬排毒水
麦卢卡蜂蜜柠檬排毒水
柠檬冰沙

LEMON
柠檬

LEMON DETOX
柠檬排毒水

　　有人想通过吃维生素片来缓解疲劳，认为那样就会变得健康。再好好想想吧，其实没有任何一种合成维生素是能比得上天然维生素的。

　　下面就给大家介绍一下柠檬排毒水，它不仅能够增强身体的免疫力，而且有助于人体通过心脏、皮肤排出体内代谢物。几年前，柠檬排毒水开始受到好莱坞明星们的喜爱，据说它除了能缓解疲劳，还能护肤美容，促进减肥，因此在韩国也很快流行起来了。

INGREDIENTS	HOW TO
柠檬 1/2个	将柠檬汁完全挤入冰水中，空腹饮用。
水 200毫升	**Tip** 如果感觉过于酸爽，可适量添加糖浆或者苏打水，使味道柔和后再尽情饮用。

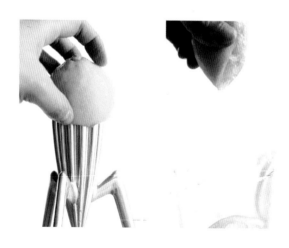

LEMON
柠檬

柠檬排毒水，是什么味道？

柠檬排毒水只有酸味。饮用的时候要像喝药一样，本人需要自我催眠，如"皮肤啊，快变得光滑吧"，或"赶快瘦下来"。但实际上，能不能记得住这些咒语也是个问题。人们的口味是非常多样的，像我就不是那么喜欢甘甜的味道，而是更钟情于酸爽，所以柠檬排毒水甚得我心。

若觉得难以承受这酸爽的刺激，可添加一匙柚子蜜饯或麦卢卡蜂蜜，好喝又健康。

　　蓝莓是最容易被大家想起来的，但是有一种超级食品并非广为人知，那就是麦卢卡蜂蜜（Manuka Honey）。麦卢卡蜂蜜是新西兰的特产，其名称源于当地特有的植物——麦卢卡树。麦卢卡树又被称为新西兰茶树（Leptospermum scoparium），叶小，花朵呈粉红色，是一种灌木。麦卢卡特有的香气有使人镇静安定的效果，含有淡淡按树香气的麦卢卡树是冷熏的上好材料。

　　与澳大利亚茶树（Melaleuca）以及世界上以"茶树"著称的所有植物都不同，从麦卢卡中提取的植物油可以用来驱赶昆虫、清毒消炎。用麦卢卡果汁为原料酿造的蜂蜜杀菌效果明显，甚至可以治愈伤口。广告中用"动能麦卢卡蜂蜜"这个口号进行宣传，实际上它的功能可以用UMF（Unique Manuka Factor 的简称）数字化衡量，UMF10以上就能满足食客的需求了。某大学针对麦卢卡蜂蜜的治疗效果进行了研究，结果显示，麦卢卡蜂蜜不仅能治疗因病菌引起的皮肤病和溃疡，而且对于内科疾病和消化不良的治疗也有一定的效果。

LEMON
柠檬

MANUKA HONEY LEMON DETOX
麦卢卡蜂蜜柠檬排毒水

香甜风味的柠檬排毒水不仅能使身体健康,还能让心情愉悦。

比在商店里喝过的任何廉价的柠檬排毒水都好喝,让我们一起来尝一杯吧!

INGREDIENTS

柠檬 1/2个

水 200毫升

麦卢卡蜂蜜 1匙

HOW TO

将柠檬汁完全挤出,放入1匙麦卢卡蜂蜜后充分搅拌。

如果能够装满冰块,倒入矿泉水或者苏打水的话,那么你将能品味更加美味健康的柠檬排毒水。

LEMON
柠檬

LEMON SORBET
柠檬冰沙

给大家介绍一款饮品，没有食欲时可以用来开胃，它比塑料瓶里装着的维生素更加健康有益。

以柠檬为材料制作的这款冰沙，因为看起来像零食，所以是一款能够让孩子快快不悦的小脸悄然微笑的魅力饮品。

INGREDIENTS

柠檬 2个

水 1杯

蜂蜜 3匙

HOW TO

将柠檬放入盐水中洗净后，横向切成两半，将柠檬汁完全挤出，倒入搅拌机。

把水、蜂蜜倒入搅拌机，充分搅拌至材料完全融化，混合。然后将混合物倒入冰格，放冷冻室冷冻。

把充分搅拌并冷冻好的柠檬冰块仔细敲碎，再用茶匙精心地将其装入考究的果汁杯中。

Tip 将柠檬皮切成细条加以装点，清香四溢又明亮漂亮的柠檬冰沙就完成了。

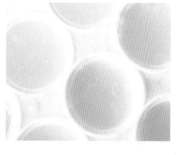

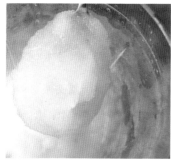

HALLABONG
汉拿峰柑橘

汉拿峰柑橘是典型的黄色食品，是1972年由日本农林省果树实验场柑橘部利用杂交培育而成的高级杂交柑橘，1990年前后引进韩国。汉拿峰柑橘这一品种一开始在济州岛栽培时被命名为"富之花""清见"等，后来统一名称为"汉拿峰"。它的甜度很高，酸度更高，因含有类胡萝卜素，且抗酸化效果明显而闻名世界。又因为它的模样有趣，被称为"维生素的宝库"，从而成为去济州岛旅行一定不能错过的美味水果。汉拿峰柑橘热量低，有助于减肥；含铁量高，若与蓝莓一同食用，则非常有益于铁的吸收。汉拿峰柑橘的挑选方法：皮薄的柑橘，含糖量高；与褶皱较多的相比，表面光滑的柑橘更优；颜色较深柑橘的甜度和酸度搭配更佳。放置于常温下保管，甜度会自然增加。12月初至翌年3月是盛产汉拿峰柑橘的时节。每100克柑橘约含48千卡热量。

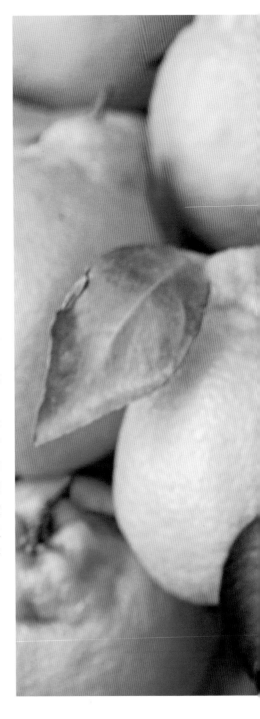

NEXT ▶▶▶
汉拿峰气泡果饮

HALLABONG
汉拿峰

HALLABONG ADE
汉拿峰气泡果饮

一整天都觉得口渴，也不清楚自己已经喝了几杯水，这时候建议你喝一杯汉拿峰气泡果饮。

汉拿峰柑橘直接吃非常甜，但是如果再配上苏打水做成汉拿峰气泡果饮，你就能品味到果肉在舌尖弥漫的香甜和爽口。

INGREDIENTS

汉拿峰 1个

碳酸水

糖 3匙

HOW TO

将汉拿峰竖直放置，横切成两半，之后放入榨汁器（用来榨柠檬汁或者橙汁的手动工具）左右按压，旋转。待果肉和果汁被完全剥离后，盛入晶莹剔透的玻璃杯中。

根据汉拿峰的甜度适当加糖，一般3匙糖与1匙蜂蜜甜度相当。

依据个人口味适量添加食用糖，充分搅拌后用冰块将杯子装满，最后倒满碳酸水（汽水、雪碧、苏打水等）。

充分搅拌后，把汉拿峰柑橘皮清洗干净，稍加点缀。

果汁气泡饮品[ade]

这是一款用果汁和水调制而成的饮品,但韩国国内现在大多用碳酸水代替水进行制作。

果汁甜饮[squash]

为了实现清凉爽口的味觉体验而在果汁中添加碳酸水。如果在BAR里,会清楚地标明"squash"。

GRAPEFRUIT
西柚

韩国人喜欢甜味和酸味混合在一起的酸酸甜甜的味道。便利店里琳琅满目的商品中人气高、销量好的产品就是那些甜度和酸度搭配均衡的产品。

但是西柚除了甜味和酸味之外，还有一些苦味，所以味道特别。因其果汁饱满，只需要一半就可以提供一天所需的维生素了。

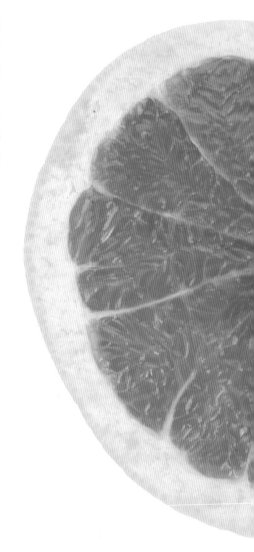

NEXT ▶▶▶
西柚汁

GRAPEFRUIT JUICE
西柚汁

INGREDIENTS	HOW TO

西柚 1个

将西柚切成两半，在榨汁器上左右旋转榨出果汁。

把果汁倒入盛有冰块的杯中，将西柚切薄片后进行装饰。

SHOTT MANUKA HONEY SYRUP
肖特麦卢卡糖浆

2013年的春天，不知是谁介绍了新西兰有机糖浆，从而彻底扫除了人们对人工糖浆的偏见和误解。从新西兰空降来的这款肖特（SHOTT）糖浆主要是由纯天然果肉和果汁制作而成。

这款糖浆含有60%以上的果汁，处于普通的果酱和糖浆之间，稀释后便能调制成饮料。下面要介绍一下用麦卢卡糖浆调制的饮品。

NEXT ▶ ▶ ▶
麦卢卡蜂蜜生姜汤

MANUKA HONEY GINGER
麦卢卡蜂蜜生姜汤

也许你会奇怪为什么饮料里会加生姜，可是国外已经有很多用生姜制作的饮料了。

在非洲的牙买加，人们为了抵御潮湿的气候，就常饮用以生姜为原料制作的生姜饮料。好，那么让我们尝试着简单地制作一款蜂蜜生姜汤吧！

INGREDIENTS

肖特麦卢卡蜂蜜
生姜糖浆 30毫升

水 1杯

HOW TO

用半杯水融化蜂蜜生姜糖浆。

加入冰块和水，充分搅拌后制作完成。

如果想喝杯热乎乎的茶，就把糖浆倒入热水中，搅拌均匀。生姜淡淡的香味和麦卢卡蜂蜜浓郁的香甜相互交融，细细品味，别样的滋味萦绕舌尖。

ABOUT WATER
水的故事

　　现在，全世界都在向高级矿物质水市场进军。比油还贵的各种饮用水品牌鳞次栉比，并且受到了大众的欢迎。所以，千万不要再只根据设计来选择这些价格昂贵的水了。

　　一般用味道（酸碱度）、口感（硬度）、无机物含量（TDS）、品质（清洁度）来评价水的质量。评价数值在市场营销中又有另一番作用。一般我们喝的饮用水是没有热量的。

　　如果想去水吧，那一定要睁大眼睛，集中精力去辨别。

NEXT ▶▶▶
世界上各式各样的水

GEROLSTEINER SPRUDEL ❶
德劳特沃

1888年德国第一个矿泉水品牌——德劳特沃诞生了。德劳特沃的水产自德国西部的火山地区，富含矿物质且水质柔软，味道独特。特别是作为火山岩间水，它含有大量的钙（140毫克/升）和镁（49毫克/升）。

VOSS ❷
芙丝

源自挪威南部洁净之地，完好无损的泉水纯净又富含矿物质，口感独特，称作"世界上最纯净的矿泉水"。时尚奢华的瓶身由Calvin的设计师Neil Kraft倾心设计。从冰川沉积层下方自然喷涌而出的天然地下夹心岩水，被原封不动地装入瓶中。

NORDENAUER ❸
诺登奥尔

Nordenauer矿泉水是世界三大著名矿泉水之一。水源取自距离德国近100千米处Nordenauer地区的泉水。最近研究结果显示Nordenauer矿泉水具有神奇的效果，因此备受瞩目。

EVIAN ❹
依云

萃取于法国阿尔卑斯山脉的冰山水，属于矿泉水中的冰下水。依云矿泉水对其他对干净卫生的环境充满自信。因其矿物质含量丰富，饮用时会有黏稠的口感。据说，这是矿物质成分传递的信号。

FIJI WATER ❺
斐济矿泉水

斐济矿泉水是地质性保存水，远离污染，是从含水层中抽取的天然地下夹心岩水。斐济矿泉水产地在斐济两大岛屿之一的维提岛外围的一条溪水附近，泉水来自埋藏在原始森林下方数百英尺广袤、独特的地蓄水层。

ACQUA PANNA ❻
普娜矿泉水

在意大利拥有高人气的普娜矿泉水，是不含碳酸且味道清新的矿泉水。普娜矿泉水柔软的口感能够和任何食物、白酒均衡搭配。

WILDALP ❼
宝贝水

宝贝水来自世界纯净地区之一的奥地利南部阿尔卑斯山脉和Waildeualpen地区，它是原封不动的大自然的纯净水。

SANTA VITTORIA ❽
圣维多利亚

圣维多利亚矿泉水萃取于阿尔卑斯山脉东北部Vicenzaittle地区的白云岩夹心岩层。天然泉涌带来的柔和气泡以及清爽的回味是SANTA VITTORIA的特点。

S.PELLEGRINO ❾
圣培露

圣培露矿泉水由意大利阿尔卑斯山坡上700米深的温泉水制作而成。作为经过长时间的天然过滤形成的高纯度、高品质的气泡水，圣培露矿泉水散发出的气息让人心情愉悦。饮用时可以感受到水的微酸和清爽。

FERRARELLE ❿
斐乐

以其高水准的质量在意大利矿泉水品牌中占据一席之地。它的水来自离那不勒斯不远的罗卡蒙菲纳火山地区，雨水通过火山岩渗入地下，获得了钙、钾、二氧化硅、重碳酸盐等矿物质，并得到了净化。最后，净化水遇见二氧化碳就诞生了斐乐矿泉水。

PERRIER ⓫
巴黎水

是产于法国南部Vergeze的天然碳酸水，是唯一一种创造吉尼斯世界纪录的矿泉水，一直以来高居世界碳酸水市场。巴黎水为了能够引领鸡尾酒文化的发展，开发了高级伏特加等多种项目。

OGO ⓬
奥歌

由路易威登的设计师Ora Ito设计外观的奥歌矿泉水诞生于世界洁净之地——荷兰。它的含氧量比普通水高35倍（饮用后15分钟内血液中的含氧量会有所增加），奥歌矿泉水以此引以为豪。

CUCUMBER
黄瓜

　　黄瓜饱含水分，能够维持人体内水分平衡，刺激食欲，是夏季的代表蔬菜。并且，黄瓜皮中含有的异檞皮苷成分有消除体内胀气的作用。黄瓜的热量、脂肪含量低，有益于减肥。但是，如果和胡萝卜一同食用，则会因为异抗坏血酸钠的影响破坏黄瓜中维生素C。

　　优质的黄瓜有光泽，呈深绿色，带刺，并且粗细匀称，瓜蒂截断处新鲜。瓜蒂味苦，不溶于水，并且遇热会变硬，所以最好清除后食用。用报纸包裹放入塑料袋，置于冰箱保鲜层保管。4月初到7月底盛产黄瓜。每100克黄瓜约含9千卡热量。

NEXT ▶▶▶
黄瓜汉拿峰汁

CUCUMBER
黄瓜

CUCUMBER HALLABONG JUICE
黄瓜汉拿峰汁

那些过去只知道用黄瓜做皮肤护理和小菜的朋友们注意啦!为了不让家人每天早上强忍着苦涩咽下蔬菜汁,一起尝试着制作这一款既有益于减肥又富含维生素的健康饮品吧!

INGREDIENTS

黄瓜 1个

糖 1匙

汉拿峰 1个

HOW TO

用流水将黄瓜洗净,去除约2厘米长的尾部。之后,切成适当大小放入榨汁机中。将大约1/3杯的黄瓜汁与糖一起放入晶莹剔透的玻璃杯中,搅拌均匀。

将汉拿峰放入榨汁器中,手动榨汁后与冰块一同装满杯子。
汉拿峰香甜的气息和黄瓜清新的香味就这样实现了美妙的结合。充足的水分、丰富的维生素,让清晨充满活力。
然后把黄瓜切成细长薄片加以点缀,为家人制作的时尚健康饮品就诞生了。

Tip 过滤后剩余的部分,可洗脸或用于皮肤护理。

  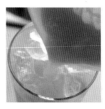 

PLUM
酸梅

酸梅能够消除疲劳，恢复精力，有助于消化，对身体有益。又因为其本身含有丰富的膳食纤维、热量低，是减肥的佳品。

在韩国，酸梅一般被做成酸梅酒、酸梅露和梅干酱菜。因酸梅内含有的苦味酸可分解有毒物质，所以和生鱼片一起食用时能起到消毒杀菌的作用。消化不良时食用效果也很好。优质的酸梅颜色鲜亮，果实大小均匀，坚硬有力，果皮无破损。用流水冲洗干净后放置于冰箱内保存。

5月初至6月末盛产酸梅。每100克酸梅约含29千卡热量。

NEXT ▶▶▶
脆酸梅
酸梅气泡果饮
酸梅豆腐布丁

PLUM
酸梅

PLUM JAM
脆酸梅

　　酸梅对人体非常有益，但是不能在一年四季都品尝它的美味，令人惋惜。如果能在盛产酸梅的时节购买最新鲜的酸梅，并以白糖为辅料，在家中制作简单的脆酸梅，那么一整年守护家人的健康食品就非它莫属了。

INGREDIENTS

酸梅 1千克

白砂糖 1千克

如需腌制更多，请按照酸梅和白砂糖1:1的比例准备食材

HOW TO

将挑选好的酸梅洗净后，用牙签或叉子剔除果蒂。

再次放入凉水中漂洗，沥干水分。准备一个可以密封的玻璃或者陶瓷容器，将其放入热水或微波炉中消毒约1分钟后沥干水分。把酸梅与白砂糖混合后装入容器。

在容器的顶层撒上一层厚厚的白砂糖，用保鲜膜将容器密封。两三个月之后，酸梅的水分和白砂糖完全融合，营养丰富的脆酸梅就做好了。

腌制期间，可晃动容器或进行搅拌，使白砂糖充分溶解。白砂糖完全溶解时，酸梅会变得干瘪。制作完成后将其捞出，待消化不良时咀嚼食用或者当作零食食用都很好。

如果辅以调味品，也可用来制作梅干酱菜。

PLUM ADE
酸梅气泡果饮

酸酸甜甜的酸梅气泡果饮，餐后饮用可以帮助消化。口中干涩无味时饮用能刺激唾液腺，起到开胃的效果。

INGREDIENTS

脆酸梅 3匙

碳酸水

HOW TO

将脆酸梅、少许碳酸水倒入晶莹剔透的杯中，充分搅拌使其完全混合。

先在杯中放满冰块，再用碳酸水填满，搅拌混合后口感清爽的美味酸梅气泡果饮就完成了。

最后，再在杯中装饰两颗脆酸梅吧。
人们常说："看起来好看的年糕，吃起来也香。"饮料也是这样。

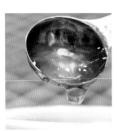

PLUM TOFU PUDDING
酸梅豆腐布丁

　　这已经不是一款简单的饮品，而是一道料理了。推荐给早晨因食欲不振而不想吃饭的朋友们。

INGREDIENTS　　HOW TO

INGREDIENTS	HOW TO
脆酸梅 3匙	用精致的碟子盛放白嫩的豆腐，然后放入3匙脆酸梅。
豆腐 1/2块	酸梅豆腐布丁将香喷喷的豆腐味和清新爽口的酸梅香巧妙融合在一起。在奔波劳碌的日子里，作为清晨的简餐岂不是很好？

KIWI
猕猴桃

　　猕猴桃因其酸甜的味道，深受男女老少的喜爱。猕猴桃维生素含量远高于橙子、苹果，膳食纤维含量也很丰富。

　　有人把它称为"奇异果"，但是这两者是不同的。可以根据大小和模样进行区分，猕猴桃呈圆形，比奇异果大且籽粒分布更加均匀。带来不同味觉体验的猕猴桃籽更添加了几分爽口的感觉。

NEXT ▶ ▶ ▶
猕猴桃气泡果饮

KIWI ADE
猕猴桃气泡果饮

INGREDIENTS

猕猴桃 1个

水 1杯

HOW TO

将猕猴桃切成两半，放入榨汁器中榨汁。这样，不用去皮也能轻松地榨取果汁了。将果汁倒入盛有冰块的杯中，加水搅拌均匀就制作完成了。最后，将猕猴桃切薄片进行装点。

MUGWORT
艾草

艾草是矿物质含量丰富的碱性食物，可以驱寒。不仅对糖尿病的治疗有一定作用，而且还可以改善寒性体质。最后，艾草还有助于促进脂肪代谢，益于减肥。

枝叶聚拢，且生长于阴暗处的鲜嫩艾草为上品，艾叶柔软，香气浓郁。

将摘取早春时节的鲜嫩艾叶用水煮过后置于冷冻室保管，可食用一年。在较短的时间里将艾草沥干（稍留水分）。之后，放在空气流通处保管。

食用之前最好用盐水漂洗。

3月盛产艾草。每100克艾草大约含18千卡热量。

NEXT ▶ ▶ ▶
艾草思慕雪

MUGWORT
艾草

MUGWORT SMOOTHIE
艾草思慕雪

下面要给大家介绍的艾草思慕雪虽然和市场上的绿茶思慕雪以及绿茶冰激凌感觉相似，但是艾草思慕雪的营养成分更高一筹。平时可以当作营养零食享用。

INGREDIENTS

阳光下晾干的艾草粉 2匙

牛奶 1杯

低脂冰激凌或者香草冰激凌 1/2杯

糖 1匙

HOW TO

将各种食材和5块冰放入搅拌机中搅拌。

搅拌至黏稠后，倒入晶莹透明的玻璃杯中。将燕麦和果脯切碎进行点缀，专为孩子制作的营养满分的零食就做好了。

SMOOTHIE思慕雪的由来

思慕雪（Smoothie）是由草莓、香蕉、杧果和各种梅等多种纯天然水果和牛奶、纯天然香料、水果精华、红糖等有益于身体健康的食材混合制作而成的能量水果饮料。思慕雪是史蒂芬·库诺于1973年发明的。当时，史蒂芬·库诺因过敏和低血糖问题，饮食受到极大影响。为了解决这一问题，他决定亲自研制无论吃多少都不受其影响，并且还可以代替餐食的饮品。

库诺是军队护士出身，他综合考虑了营养均衡和口味等因素后研制出了为健康而生的思慕雪。在过去的30多年里，思慕雪专卖店在美国呈几何数迅速增加，超高的人气使它成为全球流行饮品，赢得了很多人的喜爱。

思慕雪中也可以加入各种水果以及燕麦。向临近保质期的酸奶中加入喜欢的水果和半杯冰块，用搅拌机搅拌后也可作为早餐。

RASPBERRY
覆盆子

　　自古以来就有服用色泽亮丽的体力增强剂——覆盆子可以使力气大增，以至于小便打翻尿盆的说法，覆盆子的名字正由此而来。作为低脂肪、低热量的水果，覆盆子可用于减肥。又因其含有花青素类化合物质，抗酸化作用显著。维生素A、维生素C等含量丰富，在缓解疲劳、恢复精力以及防止机体老化方面也有一定效果。与鳗鱼一同食用时可使维生素A效果翻倍。优质的覆盆子光泽红润，果实硬朗，酸度和甜度都很高。

　　用流水洗净，密封后置于冰箱冷藏。覆盆子属于药材，盛产于6月初至8月末。每100克覆盆子约含53千卡热量。

RASPBERRY YOGURT
覆盆子酸奶

INGREDIENTS

覆盆子 1杯

牛奶 1杯

柠檬 1/2个

HOW TO

将用流水洗净的覆盆子与2匙糖一起倒入搅拌桶，用捣蒜杵将覆盆子果肉均匀碾碎。

用柠檬汁、冰块和牛奶装满搅拌桶，盖上桶盖，强力搅拌。这样，牛奶中含有的蛋白质和柠檬酸相遇后就能迅速发生反应产生凝胶化现象，散发出久经发酵的酸奶的味道。

挑选透明漂亮的玻璃杯盛装酸奶，并在杯顶点缀几颗覆盆子，色彩亮丽且美味十足的覆盆子酸奶就完成了。

TOMATO
番茄

　　被划分为蔬菜的番茄是红色食品的代表，有利于改善动脉硬化和肝硬化。番茄热量低，是首屈一指的减肥食品，常和其他各类水果一起用来制作沙拉和果汁。优质的番茄个头较大，果实硬朗，色泽鲜亮，果蒂新鲜呈草绿色。

　　用流水洗净后置于阴凉处保存。

　　7月初到9月末盛产番茄。每100克番茄约含14千卡热量。

NEXT ▶ ▶ ▶
浓缩番茄汁
番茄汁
番茄西芹汁

TOMATO
番茄

TOMATO ESSENCE
浓缩番茄汁

你见过清澈通透的番茄汁吗？

偶然的机会，我看到了料理师制作开胃菜——浓缩番茄汁的过程。

很多朋友因为番茄酸涩而不喜欢它，但这是一款能让他们再次爱上番茄的饮料。制作的时间有些长，需要点儿耐心。轻抿一口你就会被它的魅力折服。

INGREDIENTS | HOW TO

| 番茄 5个 | 将5个番茄切好，加水搅拌。 |
| 水 1杯 | 将滤网固定在大容器上，将搅拌好的混合物倒入后于冰箱内静置1~2小时，过滤完成后即制作完成。 |

 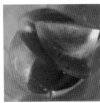  

TOMATO
番茄

TOMATO JUICE
番茄汁

用健康的番茄汁迎接清晨吧！

随着年龄的增长，我们的身体会开始发福，腹部出现了赘肉，但是我不想承认这一事实，所以现在正在减肥。

每当深夜或清晨，我被饥饿感困扰时，我都会打开冰箱制作一杯饮料。

结果，两周时间我成功地减掉5千克。

INGREDIENTS

番茄 2个
绿茶 1杯

HOW TO

用流水洗净番茄，轻轻地去掉果蒂和果心。切块后与绿茶一起放入搅拌机中搅拌。

将番茄汁倒入精致的杯子中，不用吸管大口饮用的话，果汁的饱满感就足以缓解饥饿了。

GOOD-BYE HANGOVER
番茄西芹汁

在西方国家,番茄很早就被用来醒酒。番茄水分含量丰富,能够在短时间内把人体内的毒素排出体外,这也是名为"血腥玛丽"的鸡尾酒声名远扬的原因之一。一般宿醉后喝的豆芽汤或者醒酒汤都有含盐量高的缺点。为了健康地缓解宿醉,需要补充充足的水分和维生素。因此,这里要给大家介绍一款以番茄和西芹为原料制作的流传已久的饮料。

西芹

以西方水芹闻名的西芹口感脆爽,香味独特,维生素B_1、B_2含量丰富,有将对人体有害的一氧化碳排出体外的功能。并且西芹叶中特有的芳香成分有降低体温,使皮肤清爽的功效。西芹还是能够缓解失眠的佳品。

优质的西芹叶子呈绿色,叶柄呈浅绿色,菜梗凹凸鲜明,粗细均匀。切掉纵筋,用水洗净,用报纸包裹后置于冰箱内保存。全年可以购买到西芹。每100克西芹含有12千卡热量,是减肥的首选。

INGREDIENTS

番茄 2个

西芹 1/2棵

水 1/2杯

HOW TO

将番茄与西芹洗净,将番茄去蒂后与西芹一同放入搅拌机搅拌。倒入半杯水稀释果汁浓度,再放入3个冰块一起搅拌。根据个人喜好,可以加入适量冰块,制成冰爽清凉的果汁。把果汁倒入方便饮用的杯子里,轻轻地除去西芹茎上的表皮,切成细长条状装饰饮品。没有盐分却味道咸咸的番茄和咀嚼起来清脆爽口的西芹混合而成的果汁不仅能够消除宿醉,而且还能美容养颜。可根据个人口味,添加少量盐、胡椒、蚝油、塔巴斯克酱汁。

WATERMELON
西瓜

西瓜是夏季的代表水果，凉爽的西瓜汁有利尿和补充水分的功效，对于身体经常浮肿的患者和正在减肥中的人也很有益。但是，西瓜中含有使身体变寒的成分，所以西瓜不宜与啤酒同食。优质的西瓜瓜皮颜色鲜亮、黑线分明，切开后断面颜色鲜艳漂亮，瓜籽呈黑色，瓜瓤甜度高且新鲜。西瓜水分高，直接食用甘甜爽口，若置于冰箱冷藏后味道会更好。

7月初到8月末盛产西瓜。每100克西瓜含31千卡热量。

WATERMELON JUICE
西瓜汁

INGREDIENTS

西瓜 1/12块

糖 2匙

水 1杯

HOW TO

将一个西瓜对切两次，再将1/4块西瓜三等分，剔下瓜瓤，放入搅拌机内搅拌。西瓜多籽，制作果汁时一一剔除非常麻烦。把西瓜瓤倒入透明玻璃杯中，静置一段时间后，瓜籽会自动分离。或者用中号漏网勺筛除含有瓜籽的西瓜块。之后加糖、水一起搅拌即可。将果汁装入晶莹剔透的玻璃杯中，用西瓜皮加以点缀，令人愉悦的可口的西瓜汁就完成了。

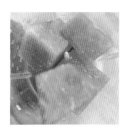

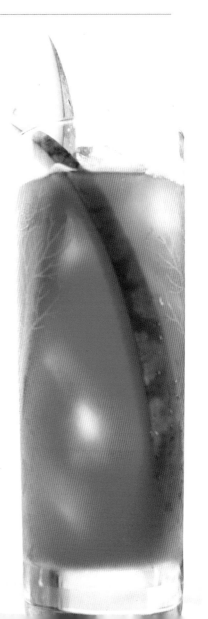

BLUEBERRY
蓝莓

　　蓝莓是美国《时代》杂志评选出的十大超级食品之一，鞣花酸含量丰富，有抗酸化效果，能防止脑细胞老化，促进视网膜内紫色素的形成。蓝莓的膳食纤维含量丰富，热量低，脂肪低，有利于减肥。蓝莓与奶酪搭配食用效果最佳，能补充钙和脂肪。上等的蓝莓呈深蓝色，果实紧致饱满，表皮白色粉末分布均匀。用流水洗净后置于密闭容器内冷藏保存。7月初至9月末盛产蓝莓。每100克蓝莓约含56千卡热量。

NEXT ▶▶▶
蓝莓气泡果饮
蓝莓思慕雪

BLUEBERRY
蓝莓

BLUEBERRY ADE
蓝莓气泡果饮

几年前，蓝莓在韩国还是进口水果，其价格很高，如今韩国国内也能够种植蓝莓，其价格下降了很多。下面让我们尝试用蓝莓制作清凉可口的健康果饮吧!

INGREDIENTS

蓝莓 15颗

糖 2匙

碳酸水 100毫升

HOW TO

用流水将蓝莓洗净，与糖一起放入搅拌机搅拌。

搅拌完成后倒入透明玻璃杯中，装满冰块，倒满碳酸水。

充分搅拌后放上几颗蓝莓，洋溢着艺术气息的美味营养的健康饮料就诞生了。

Tip 和冰块相比，碎冰的感觉更凉爽，还能防止碳酸快速挥发。

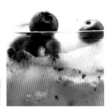

BLUEBERRY
蓝莓

BLUEBERRY SMOOTHIE
蓝莓思慕雪

柔软的口感传递着蓝莓的余味，这款饮品足以用来代替早餐了。

夏日的蓝莓不仅新鲜，而且价格低廉，所以请不要忽略早餐了。

INGREDIENTS

蓝莓 10颗

糖 2匙

牛奶 1杯

HOW TO

把各种食材放入搅拌机，再放入半杯冰块，一起搅拌。搅拌至果汁黏稠时，倒入杯中。

如果能在果汁杯上点缀几颗蓝莓的话，就不用羡慕咖啡厅里的思慕雪了。

Tip 甜味不足的话，与其多放点糖，不如放一匙香草冰激凌，这样味道会更好。

GRAPE
葡萄

葡萄因维生素和有机酸含量丰富，被称为"水果女王"。葡萄象征着"多产"，在韩国，每年婆婆们都摘下第一茬葡萄，去祠堂祷告后拿给长媳吃。身体疲劳或者口渴时宜食葡萄。果粒紧密，果皮上白色粉末越多，果肉越甜。用温水浸泡10分钟左右后洗净，浸泡时可加几滴食醋，这样可清除果皮表面的农药残留。洗净的葡萄可用纸袋或报纸包裹，置于常温或冰箱内保存。

每年8月至10月盛产葡萄。每100克葡萄含60千卡热量。

NEXT ▶▶▶
青葡萄汁
葡萄汁

GRAPE
葡萄

GREEN GRAPE JUICE
青葡萄汁

散发着淡淡清香的青葡萄充满异域风情。
大部分的青葡萄没有籽,可以直接食用。
制作成果汁饮用能使寡味的味蕾享受鲜美。

INGREDIENTS

青葡萄 1/2串

糖 1匙

水 1/2杯

HOW TO

将各种食材倒入搅拌机,细细搅
拌成汁后倒入杯中。

散发果香的青葡萄因为没有葡萄
籽,品尝起来尤为畅快。

GRAPE
葡萄

GRAPE JUICE
葡萄汁

　　葡萄的果皮营养含量丰富，因此要把果皮也添加进果汁里，这样对我们的身体更加有益。

INGREDIENTS

葡萄　1/2串

糖　1匙

水　1/2杯

HOW TO

将熟透的葡萄粒摘下洗净后放入搅拌器，与糖、水一同搅拌。

葡萄果皮营养含量丰富，饮用这样的果汁比直接食用更有营养。

搅拌好的葡萄汁用漏网勺过滤后倒入杯中，再用葡萄梗精心点缀，营养美味的葡萄汁就完成了。

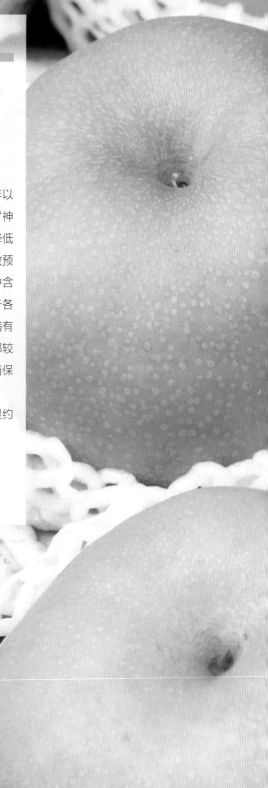

PEAR
梨

梨的栽培历史可以追溯到3 000年以前，它被古希腊历史学家荷马称赞为"神的礼物"。梨含有大量的果胶，能够降低血液中的胆固醇含量，补充水分，有效预防便秘，缓解支气管炎。并且，梨肉中含有的蛋白酶能使肉类变软，所以多用于各种料理。优质的梨果皮紧致，果肉饱满有分量。果皮无破损的梨水分和含糖量都较高。将梨洗净后用报纸包裹，置于冰箱保存为宜。

9月初到10月盛产梨。每100克梨约含51千卡热量。

PEAR JUICE
梨汁

梨因口感好，含糖量适当且富含水分，对患有支气管炎和高血压的人很有益。

INGREDIENTS

HOW TO

梨 1/2个	将梨用流水洗净，去皮，去除果核后放入搅拌器。
蜂蜜 2匙	将梨与蜂蜜、水、3块冰块一同搅拌后倒入杯中。
水 1杯	把梨切成薄片放入杯子中，清爽可口的梨汁便制作好了。

PUMPKIN
南瓜

南瓜的维生素、无机质、胡萝卜素含量丰富，其中胡萝卜素可在体内转换为维生素A，有助于保护眼睛健康、预防感冒。除此之外，南瓜中食物纤维含量丰富，减肥和预防便秘效果明显。优质的南瓜颜色深且均匀，整体硬实，分量重。南瓜洗净煮熟后容易去皮。吃剩下的南瓜应用保鲜膜包裹，置于冷冻室保存，稍后解冻使用。

南瓜四季可见，每100克含29千卡热量。

NEXT ▶ ▶ ▶
南瓜糊
南瓜拿铁

PUMPKIN
南瓜

PUMPKIN PUREE
南瓜糊

品尝一下甘之如饴的南瓜饮料，你就能感受到什么是幸福。

南瓜饮料不仅味道甜美，而且营养丰富，让人无法忘怀。

但是，想要制作南瓜饮料需要先制作南瓜糊。南瓜糊的制作过程比想象的简单，一起睁大眼睛仔细看看吧！

INGREDIENTS

南瓜 1个

糖 1杯

HOW TO

南瓜用保鲜膜包裹后放入微波炉内，加热约15分钟取出，挖出果肉。

将蒸熟的南瓜放在漏网勺中与糖一起搅拌，过滤完成后，南瓜糊就能拥有柔滑甘甜的口感了。

将南瓜糊用小的密封用纸包裹后冷藏保存，这样一来美味的南瓜饮料就可以随时制作了。

PUMPKIN
南瓜

PUMPKIN LATTE
南瓜拿铁

近来，人们越来越关注健康以及与健康有关的产品。

为了自己和家人的健康，尝试制作这款南瓜拿铁吧!
冬季热饮，夏天冷食，这是一款充满魅力与享受的饮品。

INGREDIENTS   HOW TO

INGREDIENTS	HOW TO
甜南瓜糊 3匙	将食材倒入搅拌桶，与冰块一起搅拌后倒入杯中。这样香甜润滑、可代替餐食的南瓜拿铁就完成了。
牛奶 1杯	

Tip 用相同的方法也可以制作出好喝、美味的地瓜拿铁。

POMELO
柚子

　　见柚子即秋冬。柚子口感清爽,维生素含量丰富,比柠檬高出3倍以上,故而有益于预防感冒和皮肤美容。柚子中的有机酸有助于缓解疲劳,恢复精力,和动物蛋白含量丰富的牛肉搭配食用效果最好。

　　新鲜的柚子果皮紧致硬实,颜色深黄,凹凸不平,且无破损。

　　11月到12月盛产柚子。每100克柚子含48千卡热量。

NEXT ▶▶▶
家庭自制柚子酱
柚子气泡果饮

POMELO
柚子

POMELO JAM
柚子酱

贵客来访时,常常会犹豫拿什么饮品招待他们。如果感觉准备混合咖啡、绿茶等普通饮料不能完全表达心意的话,不妨试试精心腌制的柚子酱。

一份柚子酱就足够和好友打开话匣,尽兴地聊天了。超市里的柚子酱中添加了防腐剂和添加剂,柚子果肉含量少,只是价格比较实惠。所以,还是用自己精心制作的柚子酱给客人们送去感动吧!

INGREDIENTS

柚子 10个

白砂糖 1千克/1袋

蜂蜜 1杯
如需制作更多请按照以上比例适当准备

HOW TO

挑好的柚子必须要洗干净,所以将柚子放入盐水中用牙刷仔细刷洗。之后再用流水将柚子冲洗干净,沥干水分,把果蒂和梗茎摘掉。

以0.5厘米为间隔将柚子切成细薄长条,剔除柚子籽。

准备好可以密封的玻璃或者陶瓷容器,置于热水或电磁炉中消毒1分钟左右后,沥干水分。将柚子和白砂糖均匀搅拌后倒入容器。

再撒上一层厚厚的白砂糖并浇上一层蜂蜜。用保鲜膜包裹容器后,常温放置一到两天或者放置于冰箱内保存2周,待柚子的水分和糖充分融合在一起时,柚子酱就制作完成了。

在制作过程中,为了使糖分均匀渗透,可以将容器倒置保存。

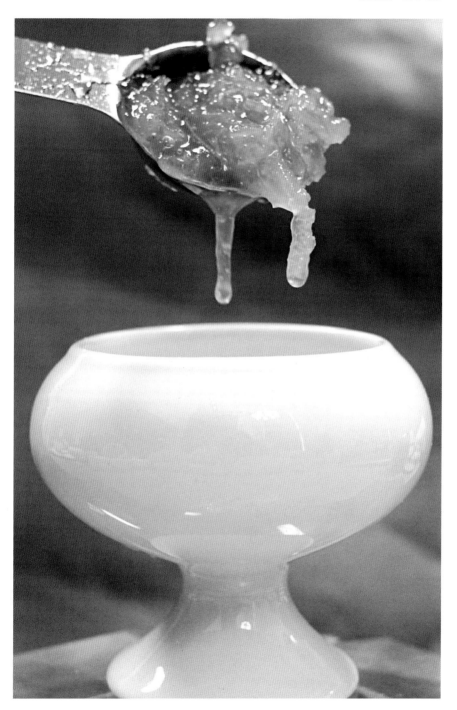

POMELO
柚子

POMELO ADE
柚子气泡果饮

嘴里苦涩时，来一杯柚子气泡果饮，既能开胃，又能清除口气。

INGREDIENTS

HOW TO

柚子酱 3匙

碳酸水 100毫升

在透明的杯子中倒入柚子酱，随后慢慢地倒入碳酸水并均匀搅拌直至柚子酱完全融化。

用冰块和碳酸水装满杯子，然后充分搅拌，简单又美味的柚子气泡果饮就完成了。

YAM
山药

山药属于蔬菜类食材，含有促进消化、保护肠胃的成分。因其热量低和脂肪低，减肥效果明显。山药含有蛋白质和维生素B_1，能够改善全身的营养状态。与萝卜共同食用时，因为维生素C的作用，可以增强抗压能力和补充机体所需能量。

优质的山药，整体匀称，个头较粗且有分量。洗净后，用去皮刀清理很简单。把山药用保鲜膜包裹后冷藏保存，可防止水分蒸发，确保新鲜。

10月初到11月末盛产山药。每100克山药含135千卡热量。

YAM POMELO SMOOTHIE
山药柚子思慕雪

　　一般维生素含量丰富的柑橘类水果都含有酸性成分，所以这些水果对于肠胃功能较弱的人来说并不是那么好。但是，如果能够将这些水果和保护肠胃的山药一起食用的话，岂不是能够取得一举两得的效果？

INGREDIENTS

柚子酱 4匙

山药1段（约3厘米）

HOW TO

将柚子酱、洗净的山药、牛奶和5块冰块一起放入搅拌机搅拌。

细细搅拌，直到混合物不再有硬邦邦的感觉时，倒入精致的果汁杯中，用类似于杏仁的坚果点缀后即可品尝。

山药清淡脆爽的味道和柚子的清新酸爽搭配和谐，是营养零食中的佳品。

SPINACH
菠菜

　　菠菜是维生素A含量最高的蔬菜，也是富含铁、钙、维生素C的碱性食品。小时候喜欢的"大力水手"就爱吃菠菜，菠菜这一"完美食品"也逐渐被大众知晓。菠菜含有大量叶酸，不仅对成长期的儿童很好，对孕妇也很有益。除此之外，菠菜还含有丰富的膳食纤维，对预防便秘和贫血也有一定效果。菠菜能与谷物实现最佳搭配。颜色翠绿且富有弹性的菠菜较为新鲜。但是，菠菜中的维生素C容易因高温和长时间的保存受到破坏，所以应将其用报纸包裹后置于保鲜室保存，并且最好尽快食用。

　　7月初到10月盛产菠菜。每100克菠菜只含30千卡热量，有益于减肥。

SPINACH YAM LATTE
菠菜山药拿铁

　　尽管用海苔包裹山药食用味道不错，也很健康，但是，实际上将山药搅拌成汁食用更能彰显其营养价值。

　　菠菜多被用于调制凉菜或者沙拉，因为直接生吃效果比加热后好。下面让我们用这两种食材制作最棒的健康饮料吧！

INGREDIENTS

山药1段（约5厘米）

菠菜1小把（约6根）

蜂蜜 2匙

牛奶 1杯

HOW TO

将菠菜洗净后与牛奶一起放入搅拌机内，搅拌至牛奶变为草绿色，随后用漏网勺过滤。

将山药、菠菜牛奶、蜂蜜以及3块冰块放入搅拌机进行搅拌。搅拌完成后，倒入杯中。

菠菜山药拿铁色泽漂亮，让人忍不住品尝。

APPLE 苹果

苹果皮中含有丰富的槲皮素,其抗氧化作用显著,抗病毒、抗菌作用良好;苹果食物纤维丰富,多聚糖比率高,因此有助于减肥。长久以来就有"晨吃苹果赛补药"的说法。据说,因苹果著名的韩国大邱多出美女也是以此为根据的。苹果与猪肉一同食用可以促进体内盐分排出。好吃的苹果有弹力且非常结实饱满。声音清脆的苹果含糖量高。用清水洗净,沥干后装进袋子,置于冰箱保存。

9月到10月盛产苹果。每100克苹果含57千卡热量。

CARROT 胡萝卜

胡萝卜含有丰富的维生素A、胡萝卜素,有保护视力的作用。相比于其他的蔬菜,其热量较高,所以减肥效果不明显。和黄瓜一同食用时,会因为抗坏血酸酶的作用,破坏黄瓜中的维生素。好的胡萝卜颜色统一,鲜亮有光泽,表面光滑,长直硬挺,并且尾部越细越好。把细碎的根须剪掉,清理泥土后洗净食用。保存时,带土用报纸包裹置于冰箱冷藏。10月到11月盛产胡萝卜,但一年四季都可以买到。每100克胡萝卜含34千卡热量。

APPLE CARROT JUICE
苹果胡萝卜汁

　　鲜艳亮丽的胡萝卜和美味甘甜的苹果能够实现美味与营养的和谐搭配，让我们尝试着制作这款饮料吧！

INGREDIENTS

HOW TO

苹果 2个

洗净苹果和胡萝卜，切细后倒入搅拌机中搅拌。

胡萝卜 1小根

用冰块装满透明的杯子，倒入果汁后充分搅拌，美味的苹果胡萝卜汁就完成了。

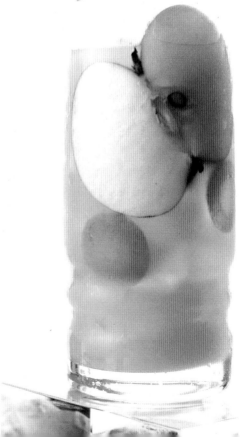

MANGO
杧果

　　有"热带水果女王"之称的杧果由于
交通的便利，现在已经随处可见。口感香
甜、深受男女老少喜爱的杧果被认为是高级
水果。夏季韩国济州岛的杧果比其他水果更
便宜，味道更香甜，营养更丰富。优质的杧
果色泽橙黄，散发着浓郁果香。洗净后置于
常温下保存，保存时间应控制在1周之内。
牛奶和杧果是最佳的拍档，所以各种杧果饮
料中都会添加牛奶。杧果属于含糖量高的水
果，因此不适合当作减肥食品食用。

NEXT ▶ ▶ ▶

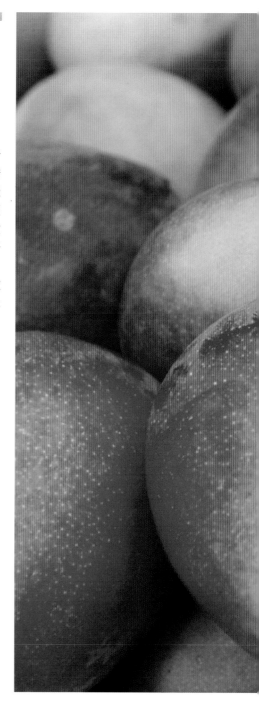

MANGO
杧果的处理方法

前不久，我在济州岛买了很多杧果，其价格合理，味道香醇。但妈妈却觉得杧果处理起来麻烦，略有抱怨。因此，下面我给大家介绍一下处理杧果的简单方法。

新鲜的杧果呈深黄色，并且没有黑斑。

处理时，先将杧果放凉水中轻轻洗净。

然后将杧果放好，准备切开。

因为杧果的果核沿果实稍宽厚的方向生长，所以按照片中的方向小心切开。这里需要注意的一点是，要在杧果大约1/3而非1/2处切开。接下来可以看到被竖立的杧果中间的果肉纤维，这部分果肉的口感不是那么好，而且处理过程中可能会伤到手，所以可将此1/3果断切掉。

把新鲜的杧果翻转过来，用同样的方法切开。

下面应该去皮了。因为杧果与果皮硬实的水果不同，果肉细嫩易软，削皮时易伤手，所以现在告诉大家处理杧果的诀窍。

　　好，请仔细观看！把一半杧果轻轻放入左手，推进如下图所示的玻璃杯的边缘。杧果果肉柔软，因此不需花费较多力气。靠近果皮时，用玻璃杯边缘摸索着轻轻推进。

　　把玻璃杯推到杧果尾部，这样新鲜香甜的杧果就完全滑进杯子里了。再将其置于案板上，果皮就能被快速地解决了！

　　根据我的经验，这时手会有些黏。把手洗净后，跟着名厨尝试一下吧！

　　为方便、爽快地食用果肉，把杧果切成方块。

　　把杧果放进嘴里，你或许有一瞬间会以为吃的是冰激凌，因为入口即化的感觉真的很像。

MANGO SMOOTHIE
杧果思慕雪

爽口甘甜的杧果思慕雪让人联想到夏天，是最让人感觉幸福的消暑饮品。

闷热的夏天，如果能吹着风扇，大口地喝着杧果思慕雪的话，就不用羡慕那些去长滩岛度假的朋友们啦。

INGREDIENTS

杧果 1个

蜂蜜 1匙

牛奶 1杯

HOW TO

将杧果处理后倒入搅拌机，与牛奶、冰块一同搅拌。

倒入透明杯子中。如果喜欢甜甜的味道，可以放一些蜂蜜。

用杧果的果皮或果肉装点果汁。

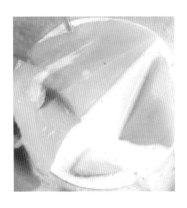

MANGO JUICE
杧果汁

醇正清香的杧果汁是不能和之前品尝的杧果蜜相比较的，两者各有千秋。

过去花大力气才能吃到的杧果，现在变成了触手可及的食材，悄悄地走进了我们的日常生活。

INGREDIENTS

杧果 1个

水 1杯

HOW TO

把处理好的杧果、水以及半杯冰块倒入搅拌机中，细细搅拌。

将果汁倒入杯子，用杧果加以点缀，这款杧果汁就完成了。

THE HOMEMADE
ORGANIC
MIX DRINK

CAN I MAKE

我可以在家做饮料吗？

家庭主妇们处理水果的娴熟技巧并不亚于专业调酒师，
她们甚至会更清楚水果的价格乃至味道的特征。现在就
让我们通过这本书来了解一下如何将果汁漂亮地装到玻
璃杯中，如何装点使其更加精致优雅。

MRS. GAO
高女士

　　高女士20多年来每天清早都用搅拌机搅拌新鲜的食材。为了照顾不喜欢吃早餐的让人操心不已的儿子，她只能把味道不错，但是营养并不均衡的果汁递到孩子手中。有时也会将只能填饱肚子的胡萝卜黄瓜汁放在桌上。但是，如果她能读一遍这本书，并且跟着制作饮料的话，就可以制作简单、方便的饮料了，因为她已经灌注了足够的关爱与热诚。

NEXT ▶▶▶
蜜桃柿子思慕雪
糖水蜜桃

PEACH
蜜桃

PEACH PERSIMMON SMOOTHIE
蜜桃柿子思慕雪

在西方传入的饮品中添加韩式材料已经成为流行趋势。

当蜜桃的果香遇到柿子的甜蜜会实现果汁最温柔的调和。这款饮品由秋天收获冷冻保存的柿子和夏季清香甘甜的蜜桃一起制作而成，代表着季节的相遇。

INGREDIENTS

蜜桃 1个

柿子 1个

牛奶 1/2杯

HOW TO

将处理好的蜜桃、柿子放入搅拌机中，与牛奶、5块冰块一起搅拌。

倒入透明的杯子中，用柿子叶加以点缀，比咖啡店里的蜜桃柿子思慕雪更可口的家庭自制饮品就完成了。

PEACH
蜜桃

SWEET PEACH
糖水蜜桃

INGREDIENTS

甜度不足、口感较差的桃子 3个

糖 1杯

水 3杯

HOW TO

往小锅中倒入3杯水，烧开后放入去除果核的桃子。

放入糖，待糖溶化后关火。

用夹子分离温热的果肉与果皮。把果肉放入密封容器中，冷藏保存。

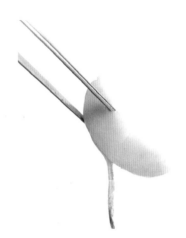

THE HOMEMADE
ORGANIC
MIX DRINK

EASY TECHNIQUE
简单工具和技巧

如果你想寻找能够代替专家技巧的专用工具，或者你不知道某个工具有什么用，该怎么用，那么就请看本章内容吧。

SHAKER
S H A K E R = 搅拌桶

　　能够轻松地混合冰块和食材，它是比放入冰箱保存的饮料更让人觉得爽快的实用工具。

　　SHAKER可以理解为"摇晃"。一只手抓住搅拌桶，按住桶盖用力上下晃动，搅拌桶里的食材就可以混合均匀了。

500
450
400
350
300
250
200
150
100
ml

APPLE YOGURT
苹果酸奶

不仅小孩喜欢酸奶，老人也都很喜欢酸奶。尝试着一起制作这款酸奶饮料吧！

牛奶和柠檬相遇后出现凝胶化现象的瞬间会产生酸奶效果，这款饮料就利用了这一原理。

如果能添加一些自己喜欢的水果，使果汁味道更加丰富的话，那么所有人都可以畅饮的酸奶就诞生了。

INGREDIENTS

苹果　1/4个

苹果酱　2匙

柠檬　1/2个

HOW TO

把苹果酱和切细的果肉倒入搅拌桶。

将半个柠檬榨成汁。将柠檬汁、冰块、牛奶一同倒入搅拌桶强力搅拌。

将充分搅拌的混合物倒入精美的杯中，插上粗吸管并用苹果稍加装点，好喝的苹果酸奶就做好了。

STRAINER
过滤器 = 漏网勺

市场上充斥着添加人工色素和香料的饮料。

自制饮料，不仅是要符合绿色和无添加的理念，而且是要做健康的饮料。因此，饮品中也开始加入香草、生姜等食材。

为了防止果核、渣滓进入杯中，影响口感，制作时要使用过滤器，也可以称之为漏网勺。

GRAPE JUICE
葡萄汁

　　您喜欢什么水果呢？每个人喜欢的水果都不一样。夏季盛产西瓜、蜜桃、李子、葡萄等水果，而我对西瓜和葡萄情有独钟。

　　将它们搅拌成果汁饮用，有时会比较尴尬，因为可能会有果籽混入其中。这时候用漏网勺过滤的话就可以品尝纯净、新鲜的果汁了。

INGREDIENTS	HOW TO
葡萄 1/2串	将洗净的葡萄粒与水一起倒入搅拌器中搅拌。
水 100毫升	如果葡萄不够冰爽的话，可以放入3~4块冰块一起搅拌，之后便可享受凉爽了。
	将混合物经漏网勺过滤后倒入杯子，就可以得到纯净无杂质的美味葡萄汁了。

MUDDLER
捣碎器＝捣蒜杵

　　很久之前，奶奶们是用石臼捣蒜，而不是用搅拌器搅拌。用捣蒜杵捣碎的果实能让我们享受到咀嚼果肉的感觉，草莓、猕猴桃籽粒的口感也被原封不动地保留下来。

　　再就是为了保持橙子、柠檬、香草香味的完整性，使用捣碎而不是搅拌的方式。这种方法叫作Muddling，我们就姑且称之为"捣碎"吧！

ROMARIN POMELO ADE
迷迭香柚子气泡果饮

虽然柑橘类的水果种类丰富，但是只有柚子的香气独特，味道特别。制作时稍稍加入一些迷迭香，可以消除一天疲乏的魅力饮品就新鲜出炉了。

INGREDIENTS

柚子酱 2匙

迷迭香 2枝

苏打水 100毫升

HOW TO

将一枝迷迭香放入透明玻璃杯中，用捣蒜杵大力碾压，但不要捣碎叶片。

当迷迭香香气弥漫整个杯子时，倒入柚子酱，并用冰块装满杯子。再倒入苏打水，充分搅拌。用迷迭香叶子加以装饰，这款饮品就完成了。

BLENDER
BLENDER＝搅拌机

搅拌机常用于将新鲜的水果、辅料等搅拌成果汁、思慕雪和雪泥。

食材和冰块一同搅拌可以制作出雪泥类的冰爽饮品。

搅拌含油和碳水化合物的辅料可以制作出思慕雪类饮品。

我们就使用一般的家庭用搅拌机吧。

CARROT SLUSH
胡萝卜泥

闷热的夏天，真想喝一杯加满冰的酷爽饮料。

孩子们总觉得蔬菜汁是一种药水，满满的都是苦味，一口都不肯喝。

这里向大家介绍一款孩子们可能爱喝的饮料，无须准备特别的材料就可以完成。

INGREDIENTS

HOW TO

蜂蜜　30毫升

胡萝卜　1/2个

冰块　6块

将胡萝卜切成小块，与蜂蜜、冰块一同倒入搅拌机。

把胡萝卜与蜂蜜搅拌至黏稠状态，冰爽香甜的胡萝卜泥就完成了。

如有喜欢的其他蔬菜或水果也可照此方法制作。

THE HOMEMADE
ORGANIC
MIX DRINK

HOME MADE

制作绿色健康的糖浆

超市里的所有饮料中都添加了含有柠檬酸和防腐剂的化学添加剂。

你放心让可爱的孩子们喝这些饮料吗？

妈妈们在家尝试着一一制作这些对身体有益的糖浆吧！

MAKING SYRUP
制作糖浆

INGREDIENTS

HOW TO

干材料 1杯
（桂皮、五味子、
绿茶、柠檬或喜欢
的茶等）

水 3杯

将水、干材料、砂糖放入锅中加热，水沸时熄火。

常温冷却后，用漏网勺过滤。将糖浆装瓶后完成。

装瓶时最好标注出日期以及糖浆的种类。

CINNAMON SURUP
桂皮糖浆

　　桂皮、胡椒和茴香一起被列为世界三大香料。因其味道辛辣、香气浓烈，在韩国一般被用于水正果（生姜桂皮茶）等饮品和韩医药方中。桂皮中含有的磷、无机物、铁、维生素B等成分能使消化器官和女性子宫保持温热，故以痛经、消化不良时饮用为宜。桂皮热量低，减肥效果好。上乘的桂皮个大、厚重，香味浓郁。应置于干燥的地方存放，避免发霉。使用时，置于凉水内用刷子洗净。

CINNAMON APPLE JUICE
桂皮苹果汁

漫步街边，烤面包的香味从面包店里飘来，使我的双脚竟不自觉地迈向那里。

引人注目的肉桂苹果汁为何看起来如此美味？肉桂、苹果的香味和营养像恋人相遇般和谐。

INGREDIENTS	HOW TO
桂皮糖浆 30毫升	将水、桂皮糖浆倒入搅拌桶，将苹果去核后切成粗厚条块放入。
苹果 1个	放入少量冰块，细细搅拌。稍后将混合物倒入精致的杯子中，并用制作桂皮糖浆剩下的桂皮和苹果加以装饰。

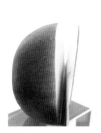

SCHISANDRA CHINENSIS SYRUP
五味子糖浆

五味子，像是某个人的名字，由其酸、甜、苦、辣、咸五种味道而得名。其中，酸味较重。因含有五味子素、戈米辛、柠檬醛、苹果酸、柠檬酸等成分，所以它有强健心脏、降低血压、增强免疫力的效果，也有助于缓解咳嗽、口渴。

虽然将新鲜的五味子与砂糖按照1:1的比例腌制效果更好。但是由于时机并不是那么容易掌握，所以我决定用晾干的五味子制作五味了糖浆。

五味子加水煮沸，待到香味充分散发时关火，用漏网勺过滤。将糖加入汤汁中慢慢搅拌，放凉后，五味子糖浆就制作完成了。把五味子糖浆和半杯五味子倒入容器一同保存，可以得到香味更加浓厚的五味子糖浆。

SCHISANDRA CHINENSIS ADE
五味子气泡果饮

INGREDIENTS	HOW TO

五味子糖浆　30毫升

碳酸水　100毫升

将五味子糖浆装入晶莹剔透的玻璃杯中，装满冰块后倒入碳酸水。

搅拌均匀后，用五味子加以装饰，然后就可以品尝美味健康的冰爽五味子气泡果饮了。

HERBAL TEA SYRUP
草本茶糖浆

阳光明媚的上午，睡意袭来时，劝你喝一杯花茶驱赶困意，恢复活力。

焦躁不安时，玫瑰果可以帮你转换心情；薰衣草花香幽幽，和小巧灵动的你很是搭调；想要清新爽口时，试试珍珠茉莉；草本茶中人气最高的小甘菊有助于消化；提神醒脑的薄荷茶把脑袋里的杂念驱赶。看起来不过是烘干了的植物，但却是慵懒的午后让你我安心的朋友。

MINT LEMON ADE
薄荷柠檬气泡果饮

INGREDIENTS

薄荷糖浆 30毫升

柠檬 1/2个

碳酸水 100毫升

HOW TO

在玻璃杯中放入薄荷糖浆和柠檬汁。再放入冰和碳酸水，搅拌。真是好喝又养眼。

LEMON SYRUP
柠檬糖浆

　　记得柠檬的清香吗？提起柠檬，人们脑海中常会浮现芳香剂散发出的柠檬香味。正因为如此，在与饮料相关的食材中，我常常会将柠檬皮榨取的精油作为熏香使用。而且，据说区分柠檬和青柠的依据正是这精油散发的香气。就像小时候挤柑橘皮玩，柑橘类水果中含有的大量精油成分能使人闻到浓浓的果香。

　　好啦，让我们暂时忘记柠檬的味道，尝试着用柠檬制作柠檬糖浆吧，像天然柠檬茶一样。

MINT LEMON ADE
不酸的柠檬饮料

INGREDIENTS	HOW TO
柠檬糖浆 30毫升	将柠檬糖浆倒入透明玻璃杯中，装满冰块、苏打水后进行搅拌。
碳酸水 100毫升	用柠檬皮稍加装饰，冰爽的视觉效果和甜蜜的味道让人着迷。

SUGAR
蔗糖的故事

　　人类最初的甜味调料是蜂蜜。公元前4世纪时，印度人开始使用甘蔗制糖。曾经侵略印度的亚历山大大帝麾下某军官沿印度河向下游行进时，震惊地看到了这种能够酿造出蜜汁的植物。经由阿拉伯人传到欧洲的砂糖，变成了曾经垄断欧洲和地中海商圈的威尼斯人庞大财富的源泉。之后，甘蔗由哥伦比亚传播到美洲地区。在当时，蔗糖仅用作药材，后来才慢慢被当作上流社会的奢侈品。

　　蔗糖不仅味道甘甜，还具有多种功能，例如用来制作面包、糕点、料理和饮料。1千克蔗糖可产生约4千卡热量。现在，人们通过其他食物已经摄入了很多糖分，为了身体健康，用糖应适量。

SUGAR PROCESS
蔗糖制作工序

从甘蔗中最大限度地提取出蔗糖结晶并得到纯粹洁净的蔗糖。

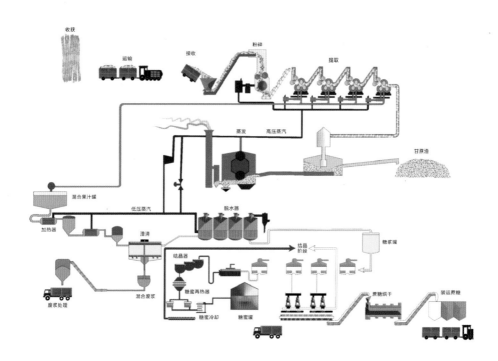

1. 将甘蔗粉碎，尽可能多地萃取蔗糖。

2. 去除天然甘蔗的泥土等杂质。

3. 将甘蔗汁除水，直至甘蔗汁浓缩至糖浆状态。

4. 经历结晶化和脱水过程，使水分充分蒸发。

5. 在糖蜜等过程中剔除不能结晶部分。

SPECIAL GIFT
特别礼物

特殊的纪念日，有时会为挑选一份能够代表心意的礼物而烦恼。送出一份价格昂贵的礼物好像并不能充分地传达那份心意。用上好的材料制作一份饱含情谊的健康糖浆吧！灵活运用家里的材料，个性的包装会使它锦上添花。

包装线

　　利用前一段时间收到的礼物盒里塞满的防震纸线和鞋柜旁的购物袋，就可以打造出一个和圣诞节气氛相吻合的包装了。

包装盒用纸

　　还记得小时候踩扁的纸盒子吗？最近包装用纸虽然不大常见，但这种怀旧风格的包装理念很流行。

报纸

　　报纸给我们提供了无限的创意。需要注意的是，报纸上可能会印有令人忧郁的内容，所以把报纸反过来用吧！

植物梗茎

　　家里种植的绿色植物，不仅可以用于料理和饮料，也可以这样装点礼品。

THE HOMEMADE
ORGANIC
MIX DRINK

FAMILY DRINKS

为了家人健康的饮品

每个人的喜好不同，所以喜欢的饮食也是不同的。因此，即便是一家人也会众口难调。接下来给大家介绍老人、孩子、妈妈、爸爸都喜欢的不同效果的家庭健康饮品。

AM 7:00
健康的减肥菜单

我最近热衷于健康减肥。通过一个月的饮食调节和坚持不懈的运动，我收到了良好的减肥效果。

为了拥有傲人身材，不合理的减肥可能会招来严重的健康问题。为了能够从变得轻巧、健康的身体上获得幸福感，让我们将健康减肥计划付诸实践吧！

起床后

饮用一杯柠檬水（柠檬排毒水）、一杯低脂牛奶，吃一根香蕉（或者用半个苹果、半匙蜂蜜、一杯草莓香蕉或苹果酸奶代替）。

早餐

2/3碗杂粮米饭，一碗豆腐大酱汤，半碟西兰花。摄取清淡的食物和最少量的碳水化合物很重要。感觉有点儿饿的话，可以尽情地吃蔬菜直到有饱腹感。沙拉调味汁可以用柠檬调味汁代替。

零食

肚子饿的时候，吃一根香蕉，或者吃一份鸡胸肉沙拉，或者吃番茄吃到有饱腹感，这比吃快餐更管用。而且，柠檬排毒水比水更有助于分解脂肪。

午餐

午餐是最难调节的。大部分上班族和学生用快餐来应对午餐，但是一般餐厅的食物含盐量较多，会使减肥效果打折扣。那么，发挥我们的耐心，用一个煮地瓜、一杯香蕉牛奶和一份沙拉来解决午餐吧！

晚餐

到了晚上，如果有饥饿感，那就吃一点坚果（6颗核桃/10颗杏仁/20颗花生），喝一杯低脂牛奶或者豆奶等。因为越接近晚饭时间代谢率越低，而脂肪转换或者脂肪吸收率有提升的倾向，所以加急型的晚饭宜以蛋白质为主。

通过菜单可以看出，从晚上6~8小时的空腹睡眠状态中醒来后，人体血糖较低。若不能及时补充血糖，机体为保证身体活动所需的能量，就要分解体内储藏的脂肪了。

但此时机体疲劳，分解脂肪与其说是减肥，还不如说是通过午餐和晚餐储存了更多的脂肪，这促使机体变胖。

因此，早晨多摄入富含维生素和水分的水果蔬菜，能得到滋润皮肤和守护健康的效果。

让你变漂亮的三款饮品

APPLE CARROT JUICE
苹果胡萝卜汁

苹果和胡萝卜是能够抑制活性氧、提高免疫力的食品。苹果中的柠檬酸可以缓解疲劳，胡萝卜含有丰富的膳食纤维，早晨食用有清肠排毒的效果。

INGREDIENTS

HOW TO

胡萝卜 1/2根

苹果 1个

将胡萝卜和苹果清理干净，切成长条后放入搅拌机搅拌。

如果想喝冰爽的果汁，可以加入冰块。

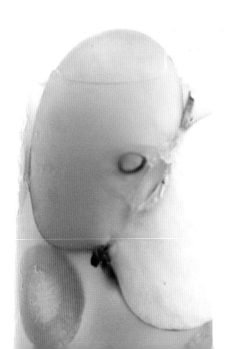

CELERY ORANGE JUICE
西芹橙子汁

　　西芹中含有的维生素A和维生素E能燃烧体内脂肪，是有益于减肥的食品。胡萝卜素成分使得西芹有排毒功效。若再加入橙子，那就能够摄入充足的水分，加速新陈代谢，抑制食欲了。这些已经足够能做好皮肤护理和身体管理了。

INGREDIENTS

西芹　1/2根

橙子　1个

HOW TO

西芹用搅拌机搅拌，橙子用榨汁器取汁。

充分搅拌两种果汁使其完全融合，或者与冰块一起倒入搅拌桶，搅拌后倒入杯中。

用橙子皮和西芹进行装饰，让人心情大好的解毒果汁就完成了。

GREEN DETOX
绿色排毒水

　　我们日常吃的所有食物都会在体内积累"毒素"，在毒素的积累过程中，脂肪也在体内堆积，会使人产生严重的肥胖忧虑。酸爽的柠檬含有的维生素C和柠檬酸有助于美容皮肤、缓解疲劳和排出毒素。如果咖啡已成为你生活的一部分，而且一天至少喝3杯的话，那就用多种水果和柠檬一起制作的柠檬排毒水重塑迷人身材，做回皮肤美人吧！

INGREDIENTS	HOW TO
果汁 120毫升	将柠檬榨汁，与自己喜欢的果汁、冰块一起倒入搅拌桶搅拌。
柠檬 1个	把混合物和冰块一起倒入晶莹剔透的玻璃杯中，之后便能够用手掌碰触清凉，并尽情享受冰爽了。
	最后，用柠檬皮和水果点缀果汁。

JUICE FOR HUSBAND
为疲惫丈夫制作的饮品

丈夫因为一整天繁重的工作和各种烦恼，身心疲惫，为他做点儿什么好呢？

最重要的是我对他深深的理解和浓浓的爱意。把那份心意满满地装进精致的玻璃杯里吧！

WEARY FREE
缓解疲劳的果汁：菠萝山药汁

　　为什么丈夫只有回到家才会流露疲惫呢？那些给予温暖的拥抱看起来却并非如此。为了劳累的丈夫，劝他喝一杯装满爱意的果汁吧！

INGREDIENTS

菠萝　1/8块

山药　100克（约半杯）

牛奶　120毫升

HOW TO

将处理好的菠萝、山药与牛奶一起倒入搅拌机搅拌。

将混合物与冰块一起倒入精致的杯中。用菠萝皮或者叶子装饰后，一杯健康饮品就完成了。

除此之外，菠菜、甘蓝、甜椒、柠檬、橙子、甜瓜、苹果等水果也可用类似的方法制作饮料。喝了还想再喝的、装满爱意的家庭自制果汁就完成了。

PAPA ENERGY
增强活力的饮料：原参蜂蜜汁

昨夜晚归的丈夫，因为繁重的工作和重要的应酬，喝多了。有时候我会讨厌他醉酒晚归，但是还是拿出秘制的饮料吧。俗话说称赞也能让鲸鱼跳舞嘛（译者注：韩国俗语）。

INGREDIENTS

原参 1根

生姜 2片

蜂蜜 2匙

牛奶 1杯

HOW TO

将处理好的原参与生姜、牛奶、蜂蜜一同倒入搅拌机。

与5块冰块一同细细搅拌后，倒入杯子中，制作完成。

萝卜、葛根、生姜、酸梅、甜瓜、梨、苹果、黄瓜、芦荟、番茄、胡萝卜、水芹等蔬菜，2匙蜂蜜。

以上水果和蔬菜任意各选一种，放入搅拌机搅拌或者用榨汁机榨汁。以一杯水果搭配半杯蔬菜的比例，倒入2匙蜂蜜，充分搅拌后制作完成。

BIG FAT PAPA
为肥胖的丈夫制作的饮品

不知道为什么，肥胖像是朋友一般围绕着我丈夫。虽然丈夫称其为福气，让它变得合理，但是每年都会变大一码的裤子尺寸的确让人有些忧心。

另外，肥胖还会诱发各种疾病，所以需要加以控制。

HOUSELEEK
石莲花

不久之前，我得知了奶奶生病的消息。多方打探后终于找到了位于韩国金海大东的松禾石莲花农场。

开始，我就觉得这个不同寻常的地方有着和别处不一样的故事。大约七年前，松禾石莲花农场社长的二儿子生了一场病，并饱受病痛折磨。社长因为大东光明寺僧人的一句话，便有计划地开始了对石莲花的研究，并且保持着他的爱和热情直到今天。石莲花叫作宝石花（Orostachys japonicas A.Berger），又名岩松、玉松，景天科石莲花属多年草本生植物。多用于韩医药方，能去热、消肿、止血，在民间疗法中也多用于治疗癌症。

HOUSELEEK YOGURT
石莲花酸奶

　　将石莲花的叶片在流水下冲洗干净后，就可以直接拿来做饮料啦！石莲花性凉，味甘淡、微酸，有点青苹果的味道，口感柔软，非常美味。

INGREDIENTS

石莲花叶　10片

牛奶　1杯

蜂蜜　2匙

柠檬　1/2个

HOW TO

将柠檬汁、石莲花叶、牛奶、蜂蜜一起放入搅拌机中进行搅拌。

倒入玻璃杯中，用石莲花进行装饰即可。

HOUSELEEK BLUEBERRY SMOOTHIE
石莲花蓝莓思慕雪

INGREDIENTS

蓝莓 20颗

石莲花叶 5片

牛奶 1杯

柠檬 1/2个

蜂蜜 2匙

HOW TO

将所有食材倒入搅拌机，与7~8块冰块一同细细搅拌。

混合物装入杯子后，放上几颗蓝莓或者1朵石莲花，饮料就制作完成了。

ENZYME
酶

酶，促使人体各要素发挥它们的作用。它跟感情一样，是肉眼看不见的存在。而且就在此时此刻，这微小的物质正在我们体内发挥着巨大的作用。

酶，是一种蛋白质，有助于增加人体生理活性，防止老化，还有治愈伤口、再生和造血功能。

大酱、辣椒酱、清麹酱、酱油、泡菜等韩国的传统发酵食品中含有丰富的酶。但是，酶的作用至今还未经科学证实。姑且把它当作一种健康食品，像饮用柚子汁、酸梅汁、木瓜汁一样，用轻松的心情好好享受吧！

CONE ENZYME
松果酶

INGREDIENTS	HOW TO
松果 10个	将松果放置清水中，用刷子洗净后加糖保管于容器中。
白砂糖 1杯	如果想要腌制成类似于柚子酱的果酱，需要3~6个月。
	想要在凉风习习的季节里来一杯热茶的话，尝试着制作一下吧！

JUICE FOR KIDS
针对严重偏食孩子的三款饮品

用卡通人物和图画编织一个个充满童真的故事吧!

像我们被新款汽车深深吸引一样,孩子们对那些能够刺激他们眼睛和耳朵的卡通形象尤为敏感。那么,让我们尝试着将孩子们喜欢的卡通形象放进健康饮品里吧!

人有五种感觉,即视觉、嗅觉、触觉、味觉和听觉,而其中反应速度最快的是视觉。即使是连话都还不会说的婴儿,也是能区分喜欢和讨厌的东西,或者看起来漂亮和看起来不怎么漂亮的东西。

孩子偏食严重的话,就试试用漂亮别致的碗或者容器装盛果汁吧。

再加上孩子强烈的好奇心,偏食会渐渐远去的。

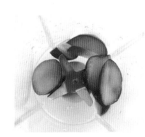  

KIDS JUICE
李子/蜜桃/菠萝汁

INGREDIENTS

李子/蜜桃/菠萝适量

水/牛奶 1杯

HOW TO

将所有食材倒入搅拌机，与5块冰块一同搅拌后，倒入多彩、漂亮的容器中。

JUICE FOR WIFE
维持皮肤紧致、增强体力的饮品

记得"虽然女孩柔弱，但母亲强大"这句话吗？

母亲的大半生都在为家人而活，让我们一起呵护她的皮肤吧！

●

IN THE MORNING
"迎接清晨的渴望"果汁

清晨轻快地把该做的事情做好，从厕所里出来……那些记忆已经模糊不清。如果吃了很多膳食纤维，喝了很多水，可体重依旧的话，尝试着喝一些早上自制的新鲜果汁吧。

●

DIZZY
预防眩晕的果汁

介绍给大家一款果汁，在突然眼前发黑或者坐了一会儿因起身而眩晕时饮用有比较好的效果。

NEXT ▶ ▶ ▶
胡萝卜洋白菜汁
红醋气泡果饮
苹果仙人掌汁

CARROT CABBAGE JUICE
胡萝卜洋白菜汁

INGREDIENTS

胡萝卜 1/2个

洋白菜 1杯

蜂蜜 3匙

HOW TO

用搅拌机将各材料搅拌后，倒入放满冰块的玻璃杯中，加蜂蜜搅拌后饮用。

RED VINEGAR ADE

红醋气泡果饮

INGREDIENTS

HOW TO

红醋 30毫升

柠檬 1/2个

水 1杯

将红醋倒入装满冰的杯子里，将柠檬榨汁也倒入杯中。

用水将杯子填满，搅拌均匀后以柠檬片装点。

APPLE CACTUS JUICE
苹果仙人掌汁

INGREDIENTS	HOW TO
仙人掌果 1个	仙人掌果的头部有一枚八角刺，在吃前一定要去除。
苹果 1个	将处理好的仙人掌果肉与苹果块、冰块一起放入搅拌机中搅拌即可。

CACTUS ENZYME
仙人掌酶

INGREDIENTS	HOW TO
仙人掌果 20个	去除仙人掌果的八角刺。用水冲洗干净，沥干水分。
白砂糖 1杯	将处理好的仙人掌果放入容器内，撒上白砂糖，密封3个月后仙人掌酶就做好了。

JUICE FOR FAMILY
呼唤和睦的家庭果汁

GINGER JUICE
姜汁汽水

在牙买加和非洲地区，人们为了抵御湿热的气候常饮用姜汁汽水。姜汁汽水味酸，散发着生姜香味。韩国国内市场上的姜汁汽水是添加有焦糖香和柠檬酸的碳酸水，与姜汁汽水真正的味道及功能相去甚远。炎热的夏季给家人制作一杯姜汁汽水，缓解干渴的同时，也能吸收生姜里饱含的有益成分！

INGREDIENTS HOW TO

生姜 4块

蜂蜜 2匙

柠檬 2个

将生姜处理干净，将柠檬榨汁，然后与蜂蜜一起倒入搅拌桶。

搅拌完成后用大容器装盛，之后倒满冰块和碳酸水，并充分搅拌。

把姜汁汽水分装到盛满冰块的小容器里饮用，不仅可以解渴，还能缓解烦躁。

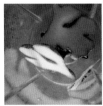

NEXT ▶ ▶ ▶
水果醋桑格利亚
蜜瓜球潘趣

FRUIT VINEGAR SANGRIA
水果醋桑格利亚*

　　很久以前人们就知道食醋对身体有益，但是因为食醋刺激的酸味以及其特有的香味，直接食用会让人感到有些负担。最近市场上出现了很多用水果制成的水果醋。让我们和水果一起维护家庭的和谐，守护家人的健康吧！

　　首先，食醋中含有的氨基酸能防止脂肪化合物的合成，有预防肥胖、降低血压的功能。除此之外，食醋有防止乳酸积累的功能，适合作为家人的疲劳恢复剂。

INGREDIENTS

水果醋 60毫升

喜欢的水果

苹果汁或者碳酸水

HOW TO

在透明的大容器里倒入水果醋，将喜欢的水果切细后放入。

为孩子健康着想，可以加入多种水果。将苹果汁等晶莹剔透的果汁或没有甜味的碳酸水与冰块一起倒入容器，充分搅拌。

在小杯子中放入冰块，然后和家人一边享用美味，一边享受这幸福的时刻吧！

*桑格利亚
桑格利亚作为西班牙夏季的大众饮品，是一种添加了多种水果的冰镇饮用的鸡尾酒。

MELON BALL PUNCH
蜜瓜球潘趣*

说起夏季的代表性水果，人们第一个会想到西瓜。但是，我更喜欢蜜瓜。

蜜瓜香甜的味道和柔软的口感一道传来，那种美好让人欲罢不能。曾在日本的姑母家吃过一次蜜瓜果球，至今仍记忆犹新。

按照那时的记忆，我们也做一次吧！

INGREDIENTS

蜜瓜 1/2个

牛奶 1 000毫升

蜂蜜 3匙

HOW TO

将新鲜的蜜瓜切半，用勺子挖净中间的蜜瓜籽。

将蜜瓜果肉挖成果球后，与蜂蜜一同倒入蜜瓜中。待蜂蜜溶化后，倒入冰块、牛奶，均匀搅拌直至充分混合。

分装到小的容器里，品尝着这美味，讲着彼此的故事，便可以度过一整天的甜蜜时光了。

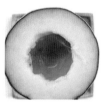

*潘趣

潘趣，也即宾治，是一种酒精性饮料和果汁的混合饮品，是很多人喜爱的聚会饮品。

THE HOMEMADE
ORGANIC
MIX DRINK

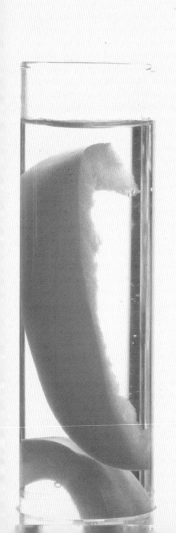

VISUAL DRINKS

看起来漂亮的东西

吃起来也不错！

CUT
切水果

一个水果，按照横切或竖切的不同切法，可能会成为需要的食材，也可能会成为没用的食材。

了解一下正确的名称和方法吧。即使是优质的食材也有可能因为刀工的问题变成不能使用的东西。

切丁CHOP

切丁，是料理中常用的方法，是指将洋葱、土豆、胡萝卜等较硬的食材切成丁状。如果想在饮料中品尝到口感脆爽的苹果、梨等水果，可以使用这种切法。

切片SLICE

切片，多用于不使用吸管直接饮用的饮品。水果片起到装饰和散发果香的作用。饮酒后，可以清除口气。

削皮PARE

使用剥皮器剥皮很简单，但是在没有准备剥皮器的情况下，也可以用削皮的方法。果皮可以作为饮料顶部的装饰，并且果皮有散发香味的作用。

切块WEDGE

　　这种切块方法，是为了方便用手挤出果汁，它多用于在饮料中添加酸爽味道。

切圈WHEEL

　　因和汽车车轮相似而得名，用于装饰饮料和使饮料内部弥漫果香。腌制水果酱时也可以用这种方法。

削丝ZEST

　　制作燃烧果皮释放香气的"费拉曼"时的方法。利用玻璃杯周边果皮的油脂，给饮料覆盖浓郁的果香。也有用水果刀切割的方法，但是使用削土豆的工具会更加安全便利。

DRY
烘干水果

　　我曾经苦恼于饮料的视觉效果而几天几夜不能入睡。尝试过翻转柠檬，也试过把蜜瓜切丁后撒在饮料表层，因为人们渴望的总是"离奇、新鲜的东西"。在苦恼之中，我发现了食品烘干机。

　　我见过料理师将橙子片放在刚刚断电的烤箱里，之后用来装饰甜点。由此，我发现了烘干机。它可以自然地风干所有水果，并且由此产生的糖分与葡萄干相当，也能展现出水果神秘的模样。所有的水果都有保存期限，但经过干燥处理后的水果可以长时间保存，还能随时随地使用。

　　烘干水果多用于装饰，或者像水果丁一样覆盖在果汁上层。烘干水果作为无添加的纯天然食品，有益于身体健康，是良好的家庭自制食品。如果将其点缀在添加碳酸水的清爽饮料上，会呈现出新颖、漂亮的视觉效果。

DESIGN GLASS
装进漂亮的杯子里

　　一直以来我都忘不了有一次在国外出差时见过的杯盏和创意器具。当在国内看见同款时，我惊喜万分。用厚重杯盏盛装的饮料能唤起情谊，但是别致美观的杯盏能表示礼仪，传递情感。

ICE
冰的故事

　　决定饮料味道的因素是什么？糖浆的用量、酒的用量、水果的成熟程度等要素都会很重要，但是真正让人感觉到饮料的新鲜度的因素是端起杯子时的温度，也就是感觉到"啊，好冰爽！"时的触觉。虽然混合材料和冰块的摇和法是使温度瞬间降低的方法，但是如果没有冰块的硬度和干净的结晶也是不能实现的。

　　炎热的夏天，有名的红豆刨冰店里曾出现过刨冰机出故障而用冰块制作红豆刨冰的事情。

　　硬硬的冰块有在短时间里使饮料变凉的作用。我常常会关心与冰有关的因素，如制冰机、造冰的水质和过滤网的清理等。记得八年前有一位日本游客曾要求在饮品中加入冰球，当时我用刀子将方形冰块凿成冰球给了他。他笑着说真有意思，告诉我日本酒吧里使用冰雕（ICE CARVING）技术的文化，并且鼓励我学习冰雕技术。因为这件事我开始怀着在冰工厂上班的热情，每天学习凿冰，每当别人问起的时候我都会解释：这种行为并不是像看起来那样没有意义。最近我的冰雕技术更上一层，我可以将一整块冰刻成冰球，360° 可以成为一个球面。这种冰块和可以看到细微反应的液体相遇时，随着球面与液体的接触，饮料迅速变凉。并且可以慢慢变凉，延长饮品的饮用时间，不必因为担心变质而急忙喝完。

THE HOMEMADE
ORGANIC
MIX DRINK

STAR BARISTA

林钟明的家庭自制咖啡清单

STAR BARISTA
林钟明的家庭自制咖啡清单

AFFOGATO
阿芙佳朵

　　意大利语意为"淹没"，是在冰激凌上覆盖意式浓缩咖啡的甜点。虽然是需要意式浓缩咖啡作为材料，但在家里制作时也可以用荷兰咖啡或者速溶咖啡代替。

INGREDIENTS

冰激凌 2匙

速溶咖啡 1匙

热水 30毫升

HOW TO

将速溶咖啡倒入热水中，并搅拌均匀。在容器中摆放好冰激凌，然后把咖啡浇盖在冰激凌上，稍后便可以享用了。也可以随个人喜好添加布朗尼面包或者巧克力。

ICED COFFEE
冰咖啡

INGREDIENTS

速溶咖啡 1匙

热水 30毫升

冰块 1杯

HOW TO

将热水和速溶咖啡倒入杯中充分搅拌。加冰混合后，不亚于咖啡厅里的冰咖啡就制作完成了。

这款咖啡价格低廉，并且在家制作非常方便。

THE HOMEMADE
ORGANIC
MIX DRINK

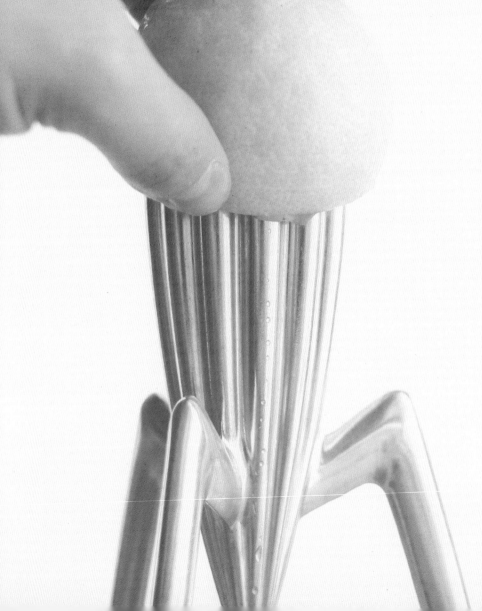

MIXOLOGIST

权赫民的调制酒清单

MIXOLOGIST
权赫民的调制酒清单

RASPBERRY LEMON ADE
覆盆子柠檬气泡果汁

权赫民是韩国清潭洞调制酒卖场的代表，也是韩国顶级调酒师。他将介绍一些清单中常见的饮料，让大家可以在家中制作。

INGREDIENTS   HOW TO

INGREDIENTS	HOW TO
覆盆子 10颗	将10颗覆盆子倒入透明玻璃杯中，然后用捣蒜杵碾碎。
柠檬 1/2个	待覆盆子散发香甜、碾压出果汁时挤入柠檬汁，倒入糖浆。
糖浆 30毫升	填入冰块后，倒满苏打水充分搅拌。最后用3颗覆盆子进行装点。
苏打水 100毫升	

CHOCOLATE SMOOTHIE
巧克力思慕雪

吃过巧克力吧?

巧克力是以可可豆为原料制作的甜点或饮料,来源于墨西哥原住民用可可豆制作的饮料。

很久之前,可可豆被墨西哥原住民视作饮料和药物,也曾被当作货币使用。

阿兹特克的国王蒙特祖玛约见女子前会喝多杯可可茶。西班牙上层社会的人将其作为唤起情欲的催情药。巧克力中含有的苯乙胺成分能够使人安神醒脑、集中注意力,提高人体主要能量源泉——碳水化合物的消化和吸收速度,有益于促进大脑运转。可可碱能够刺激大脑,提升思考能力,还有利尿和缓解肌肉酸痛等显著的药理作用。

好啦,你准备好品尝香甜的巧克力了吗?

INGREDIENTS

巧克力酱汁 45毫升

花生黄油 1茶匙

牛奶 100毫升

HOW TO

在搅拌机中倒入巧克力酱汁、花生黄油、牛奶以及冰块,一起细细搅拌后倒入杯子。

用巧克力粉或者巧克力片装点饮品。

THE HOMEMADE
ORGANIC
MIX DRINK

GOOD
PAIRING DRINK

料理师 于允权

餐桌上摆满了丰盛的晚餐！但是，加上美味的饮料才算完成一桌珍馐盛宴。世界著名料理师们经过用心良苦地装点，最终才完成了那些赏心悦目的特色料理。那么，我们一起去学习如何让笨重厚实的容器散发出别样的光彩吧！

GOOD PAIRING DRINK
料理师于允权

著名料理专家于允权，是现代化的米兰四季酒店的主厨。他是最棒的料理师，能用当天的新鲜食材打造一块料理的视觉盛宴，让人身心愉悦。

在他的意大利餐馆，你能尝到最优质的套餐。如果你想享受人生中最棒的一次晚餐，那么用你的眼睛去"品尝"那桌子上摆放着的于允权的艺术作品吧。

LEMONGRASS LEMON SODA
柠檬香草柠檬苏打

柠檬香草带给食客的清爽感觉与柠檬带来的酸爽感觉大有不同。这是一款和所有料理都能协调搭配的饮料，能够给食客带来好心情。

INGREDIENTS

柠檬香草 1棵

柠檬 1/2个

苏打水

HOW TO

像切葱一样把柠檬香草斜切成段放进杯子里。

挤入柠檬汁。

放满冰块，倒满苏打水后即可饮用。

THE HOMEMADE
ORGANIC
MIX DRINK

TEA

涤荡心灵的茶

中午时分，明媚的阳光流淌，想要驱赶阵阵困意，恢复活力的话，来一杯清香的花茶，吃一块入口即化、香甜宜人的提拉米苏蛋糕吧！

GREEN TEA LATTE
绿茶拿铁

心情烦闷或焦躁不安时，玫瑰果有助于转换心情；薰衣草花香幽幽，和小巧灵动的你很是搭调；想要清新爽口时，试试珍珠茉莉；平时体内血糖数值较高的话，喝一些可以降低血糖、平衡糖分的花茶；草本茶中人气最高的小甘菊有助于消化；提神醒脑的薄荷茶有利于驱除杂念。

阳光温暖的上午，尽情地享受一杯茶带来的悠然吧！

茶

韩国茶文化已有近千年的历史了。由中国传入韩国的茶曾被当作菩萨的贡品，也是上流社会的奢侈品。高丽时期，茶文化开始步入繁荣时期，王族、贵族以及平民阶层都可以品茶。当时茶仍被视为奢侈品，过高的税费让它和普通人渐行渐远。但是，深受以王室为中心的士大夫和文人们喜爱的茶文化仍被作为高雅文化。时至今日，多种茶文化和茶艺得到发展。

今天，茶作为洗涤身心的排毒饮料，占据着全世界60%以上的饮料市场。那么，在家泡上一壶好茶，和爱茶人一起慢慢品尝吧！

INGREDIENTS

绿茶粉 1匙

牛奶 1杯

HOW TO

将材料倒入搅拌桶，与冰块一起搅拌。

混合物和冰块一起倒入透明玻璃杯后，依据个人喜好点缀冰激凌。制作完成后即可享用。

HONEY TEA WATER
蜂蜜茶

清冽幽香的茶水中加入少量甘甜的蜂蜜，一起享受悠闲时光吧！

这是一定要劝说爱茶之人品尝的一款茶。

INGREDIENTS   HOW TO

INGREDIENTS	HOW TO
喜欢的茶包 1包	在热水中放入喜欢的茶包，再放入蜂蜜。
蜂蜜 1匙	将茶水倒入装满冰块的茶杯，细细搅拌后饮用即可。如果这时加入桂皮梗，隐隐的香气则会持久弥漫。

THE HOMEMADE
ORGANIC
MIX DRINK

SPRING HERB

散发着春天气息的香草饮料

了解可以增强鲜味、食物香味的香草种类，将它们制作

成饮料。

SPRING HERB
散发着春天气息的香草饮料

　　如果你还不知道散发着酸爽柠檬味和清爽薄荷香的莫吉托，现在立马去花店里买一盆薄荷草吧！精心照料它，待到下一个湿热的夏季来访时，制作一杯莫吉托，无论是谁都会为之赞叹。

智能花盆 CLICK GROW

　　繁忙的现代人能在家长久地照料薄荷等盆栽并不容易。当我想制作加入香草的饮料，但找到的香草却蔫儿了的时候，那种挫折感不可言喻。熟人介绍的这个智能花盆能够自动调节环境，很方便。用它种养植物，想做莫吉托等饮料的时候，可以非常方便地摘下几片。

ROSEMARY LEMON ADE
迷迭香柠檬气泡果饮

INGREDIENTS	HOW TO
迷迭香 1棵	杯子内放入迷迭香，用捣蒜杵敲打后，挤入柠檬汁。
柠檬 1/2个	放入一匙糖，搅拌均匀，填满冰块和水后就可以享用了。
糖 1匙	
水 1杯	

MOJITO NON-ALCOHOL
无酒精莫吉托

莫吉托，字典上的解释是用朗姆酒、糖和柠檬汁制作的一种饮料。而我制作的莫吉托还要添加新鲜的薄荷、碳酸水和冰块。

据说，莫吉托是英国海盗弗朗西斯·德雷克发明的。而世界著名作家海明威直至自杀前都在饮用莫尼托，这使得这种饮料闻名于世。

INGREDIENTS

薄荷叶 5~10片

青柠或者柠檬 1/2个

苏打水

黄砂糖

HOW TO

将半个柠檬四等分后放入透明玻璃杯中，撒上一层黄砂糖。

用捣蒜杵充分捣出青柠汁,放入薄荷，并轻轻碾碎。

放入碎冰，倒满苏打水，充分搅拌后制作完成。如果用新鲜薄荷叶和青柠片稍加装饰的话，会让人产生"这是在古巴吗？"的错觉。

LEMONGLASS LEMONSODA
柠檬香草柠檬苏打

INGREDIENTS

HOW TO

柠檬香草 1棵

将柠檬香草切成葱段大小，和柠檬汁一同倒入杯中。

柠檬 1/2个

装入冰块，倒满苏打水后饮用即可。

苏打水

WATERMELON BASIL JUICE
西瓜罗勒汁

INGREDIENTS	HOW TO
罗勒叶 2片	把食材放入搅拌机中搅拌，然后用罗勒叶和西瓜片装饰果汁。
西瓜瓤 2杯	

THE HOMEMADE
ORGANIC
MIX DRINK

VISITER DRINKS

适合接待客人的饮料清单

VISTOR DRINKS
适合接待客人的饮料清单

想要毫不犹豫地走进街边的高级咖啡厅，一定要着装整洁，钱包厚实。
除此之外，还必须要有悠闲的心境和充足的时间！
这些准备和负担有时候会让我很不舒服。
那么就让我们在家里畅饮那些不亚于咖啡店里的完美饮料吧！

草莓果汁

柠檬气泡果饮

麦卢卡蜂蜜柠檬
气泡果饮

西柚汁

番茄汁

黄瓜汉拿峰汁

酸梅气泡果饮

猕猴桃汁

覆盆子思慕雪

浓缩番茄汁

西芹番茄汁　　西瓜汁　　蓝莓气泡果饮　　蓝莓思慕雪　　梨汁

青葡萄汁　　葡萄汁　　甜南瓜拿铁　　柚子气泡果饮　　蜜桃红柿思慕雪

山药柚子思慕雪　　菠菜山药思慕雪　　苹果胡萝卜汁　　杧果思慕雪　　杧果汁

苹果酸奶　　迷迭香柚子气泡果饮　　胡萝卜泥　　桂皮苹果气泡果饮　　薄荷柠檬气泡果饮

EPILOGUE
后序

　　我的第一本书《调酒师》的出版使我在平凡的上班族中小有名气，生活慢慢变好了，不用再担忧衣兜里还有多少钱。但是从事调酒师这个光鲜闪亮的职业，每向前迈进一步都会经受不小的磨炼，偶尔的煎熬也是不争的事实。虽然我一直在呼吁健全的饮酒文化，也开设了数百节课的鸡尾酒学堂，但是在广播中还是因为"与酒相关"而遭到删除，农村里的老人也没有办法理直气壮地跟人介绍。可是，怀揣着激动和热情努力到今天，我从来没有觉得这个职业丢人，也没有后悔过。在那些偶尔并不怎么欣赏的目光下，我以比较遗憾的态度开始准备这本书的写作。

　　打破"良药苦口"的传统观念，我利用新鲜的食材，想尽办法让所有的人都可以像煮速溶咖啡那样制作美味饮品。在这种理念下，我用心地完成了这本书的写作。

　　世界上的咖啡馆有一半以上的清单饮品是咖啡，剩下的一半是类似于果汁和思慕雪的饮料。

　　现在我希望能够引导这一半的消费市场，将品尝新鲜美味饮品的喜悦传递给大家。去掉莫吉托鸡尾酒中的百加得，调制出无酒精莫吉托；在草莓汁中加入灰鹅伏特加，调制出草莓宾治鸡尾酒；早晨起床后，大口喝掉一杯柠檬排毒水；晚上伴着轻柔的音乐，悠闲地品味一杯柠檬排毒水中加入伏特加后变身而成的鸡尾酒。我想把这些简单的调配方法告诉大家。

　　这本书是我和我的妻子一起携手完成的，所以更加特别。

　　为了能够捕捉到饮料的新鲜感，记录所有的制作过程，她拍了数千张照片，却没有一句抱怨。对于她——许善雅，我想表达我的爱和感谢。

　　"让生活方式感性起来吧！"

2014年3月早春　金凤夏